ACEITE DE AGUACATE

**Calixto López Hernández
(2018)**

ACEITE DE AGUACATE

PRÓLOGO DEL AUTOR

El aceite de aguacate es actualmente un perfecto desconocido entre los aceites vegetales, pese a que su perfil lipídico y su composición química en general, guarda notable coincidencia con el bien ponderado y nave proa de la cocina mediterránea: el aceite de oliva. Las semejanzas entre ambos son significativas, hasta en el aspecto y el color, y también en cuanto a su tecnología, su sabor y olor nos recuerdan su fruto, el preferido del momento en las mesas y las cocinas gourmet. ¿Pero qué ha ocurrido entonces para que este aceite no haya hecho una aparición sorprendente en el sector alimentario dejando a un lado otros aceites tradicionales?

Al principio parece difícil encontrar una respuesta racional, es más, da la impresión como que esto resulta un hecho paradójico fuera de toda lógica, pero la realidad es que ocurre y su causa fundamental no está en dificultades tecnológicas, costos de producción o cultivo, o características organolépticas particulares, ni siquiera en factores subjetivos relacionados con su empleo, tampoco que provenga de un fruto hasta ha poco desconocido, cuando el mundo actual observa y vive el *boom* del aguacate. No, el problema hay que buscarlo en otras causas y éstas están dadas por las maravillosas cualidades del aguacate y su amplia demanda actual que ha ido creciendo de manera geométrica e imparable en los últimos años, de manera que en tan solo quince años se ha duplicado su producción y para algunos países como México, principal productor y exportador se ve como una fuente alternativa de ingresos semejante a la del petróleo.

Sí, el principal obstáculo para que el aceite de aguacate con sus maravillosas propiedades nutritivas y beneficiosas para la salud no emule con sus aceites homólogos como aceite comestible, está dado por su propio fruto, cuya demanda no puede ser soportada por la oferta, y que por consiguiente alcanza precios altísimos en los mercados. Para poner un ejemplo, 1 kg de aguacate en algunas regiones de España alcanza igual precio que 1L de aceite de oliva, y bajo esas condiciones no tiene sentido darle un valor agregado a un fruto que por el momento no lo necesita. Pero hay algo más.

Las cantidades limitadas de aceite de aguacate producidas en un reducido grupo de países, como nueva Zelanda, México, Chile, Ecuador y Colombia, entre otros, tiene una alta demanda en una industria muy llamativa, la de los cosméticos, por las magníficas cualidades que tiene sobre la piel y el cabello, entre otras, dada por la composición de sus materiales secundarios ricos en vitaminas, como la A, D, E y K, antioxidantes, esteroles, polifenoles, carotenoides, también las propias propiedades hidratantes y nutritivas del mismo, entre otras más que hace que una parte significativa de su destino sea para esta industria altamente lucrativa.

¿Que ya llegue el aceite de aguacate a la mesa de algunos sectores sociales?, sí, lo que se centra en los países productores, por que en el resto de los mercados minoristas del mundo sus precios no son competitivos, así por ejemplo, en algunos supermercados españoles, donde ocupa modestos sitios alejados de las mirados de los clientes, su precio es cuatro veces superior al del aceite de oliva.

En relación al aguacate, para suplir tan alta demanda, la producción en el mundo se eleva constantemente, sí en 2010 ascendió a 3,916 700 TM, en 2013 ésta creció cerca de un millón de TM hasta una cifra de 4,717 102 MT, con un crecimiento de un 20,4%, pero en los años siguientes se repitió el crecimiento, y en 2016 la producción alcanzó los 5,788 000, elevándose un 22% en comparación con 2013, y se espera que en 2025 se alcancen los 7,600 000 MT.

Con un crecimiento del cultivo y la producción de aguacate tan desmesurado, es de esperar que una vez se satisfaga la demanda, los ojos se tornen hacia sus productos agregados como el aceite, y entonces, puede que se produzca un cisma en el violento mundo de las grasas vegetales, que remueva la base de esta singular y prolífera industria, incluso, se podrán verse afectados los cimientos de las industrias de los aceites vegetales más importantes por su calidad como el de oliva, y más que eso, hasta el coloso de los aceites, el de palma, vea temblar y restringirse su dominio, porque los rendimientos por hectárea del aguacate no tienen techo, al menos por el momento, y a la par que crece su producción, también lo hace su rendimiento, por lo que podemos ver que un país pequeño como República Dominicana, con una superficie menor de los 50 mil km² sea hoy en día el segundo productor mundial de este fruto, merced al alto rendimientos de sus cultivos.

¿Resistirán los olivos este embate?, lo vemos difícil, puede que para los árboles milenarios llegue la hora de un merecido descanso, lo cual no deseamos, y somos optimistas en pensar que las poblaciones que viven en la Cuenca del Mediterráneo y otras con climas similares, sigan disfrutando del precioso oro verde de los dioses del Olimpo.

Este libro, como se podrá apreciar no es el resumen de una época de logros productivos de un aceite vegetal, no es siquiera otra obra sobre el tema, pues es posible que sea una de las primeras que se escribe, sino el preámbulo de la que se avecina, y de la cual se han apercibido los agricultores de algunos países con clima subtropical como Nueva Zelanda, Chile y España, entre otros, solo que los recursos hidráulicos de las zonas de cultivo de estos dos últimos, pueden constituirse en una barrera limitante, pero por el momento se han aventurado en el campo del cultivo de este maravilloso fruto, del que se extrae un aceite semejante al de los olivos de la Cuenca del Mediterráneo.

INTRODUCCIÓN

El siglo XX puede considerarse como una época dorada para el sector de las plantas oleaginosas y los aceites elaborados a partir de ellas, bien sea de sus frutos, como el aceite de oliva y el de palma, o de semillas, como el de girasol, soja, colza, entre otros, y hasta del germen del grano del maíz,

Todo este adelanto fue consecuencia directa de los avances tecnológicos en la industria, la agricultura y hasta en ciencias nuevas como la biotecnología.

De unos pocos aceites vegetales que se expendían en los mercados de las grasas a finales del siglo XIX, época dominada por las grasas procedentes de animales como el lardo, los cebos de vacunos, la mantequilla, los aceites de pescado, y hasta el de ballena; que a duras penas satisfacían el sector alimentario y otros usos que se les daban en las labores cotidianas de la sociedad, pronto sucedieron un grupo de acontecimientos que motivaron que éstos tomaran importancia relevante en la sociedad y el consumo. No hay que negar, sin embargo, que aquellas grasas redundaron en el avance de la civilización dadas las necesidades de una población mundial siempre *in crescendo,* y el empleo industrial y doméstico que de las mismas se podía realizar.

A principios del siglo XX las grasas sólidas ocupaban un lugar destacado en el consumo de la población y su producción no daba abasto a las necesidades siempre crecientes, por lo que para suplir éstas, se pensó en los aceites vegetales y se desarrolló un método novedoso para convertirlos, mediante hidrogenación catalítica, en grasas sólidas, muy adecuadas para freír, y estables y duraderas en un mundo con dificultades tecnológicas para la conservación de alimentos por refrigeración, incluso a escala doméstica. De ahí surgió un producto que se hizo predilecto en la población de aquellos tiempos: las margarinas. Esta demás decir, que mediante este proceso los ácidos grasos insaturados se convertían en saturados, elevándose la concentración lipídica de éstos.

Nadie sopesaba en ese momento la importancia del uso directo para el consumo de los aceites vegetales, relegados en ese momento a un segundo plano, hasta que las mejoras de vida de las sociedades contemporáneas, sobre todo de la occidental, y otros aspectos como el cese de las grandes confrontaciones bélicas después de la Segunda Guerra Mundial, el desarrollo de la industria farmacéutica, la proliferación de las vacunas, los antibióticos entre otros, puso sobre el tapete que la principal causa de muerte pasaba a ser las enfermedades cardiovasculares, en cuya protección las grasas sólidas no eran protectoras, más bien promotoras, para lo cual fueron muy interesantes las investigaciones de Keys y cols. a mediados del siglo XX, a las que siguieron las de otros científicos, y que al final demostraron que los aceites vegetales, sobre todo los que contenían altas concentraciones de ácidos grasos insaturados, constituían un elemento protector de estos males.

Por tal motivo, cambió completamente el panorama de la

industria de las grasas desplazándose, primero hacia cualquier tipo de aceites con concentraciones apreciables de ácidos grasos insaturados, y después, con el avance de las investigaciones, el señalar que entre éstos los que contenían ácidos grasos monoinsaturados, como el aceite de oliva eran los más adecuados, porque otros, motivado por su alta concentración en ácidos grasos poliinsaturados podían convertirse en fuentes de oxigeno naciente activo y otros radicales libres asociados, causantes de daño, deterioro, muerte y hasta malformación celular, cual de ellos el peor de los males. Entonces, todo lo que se asemejaba al aceite de oliva pasó a ser lo adecuado, y si no se parecía había que lograrlo por los medios que fuese, como se hizo con la colza y los aceites alto oleicos de girasol, soja y maíz, entre otros.

Vistas así las cosas, podría pensarse que llegaba un período de relativa calma en la industria de los aceites vegetales, o en un sentido más claro, el de desechar las grasas saturadas y aquellas que contenían mucha insaturación, sin embargo, se presentó otro enemigo inesperado: los ácidos grasos *trans* que se forman en el manejo de los aceites a elevadas temperaturas, como es común en los procesos de hidrogenación catalítica y en la obtención de algunos aceites en los procesos de extracción y refinación, como es el de colza y palma, entre otros.

También el que algunas plantas fuesen prolíferas en la obtención de aceites trajo enormes inconvenientes, cuando sucede que lo que es bueno o muy bueno se convierte en malo o muy malo, y esto ocurrió con la palma africana (*Elaeis Guineensis*) en que dada su alta concentración de aceites y sus altos rendimientos de cultivo, ocasionó que para ampliar las superficies cultivables se talaran, quemaran, y en definitiva se destruyeran enormes extensiones territoriales de bosque tropical virgen para convertirlos en cultivos de esta planta, sin tener en cuenta la biodiversidad, las poblaciones autóctonas que habitaban esas regiones, la agricultura autosuficiente, las especies botánicas endémicas o valiosas especies de animales en peligro de extinción; y el propio pulmón del planeta necesitado de oxígeno y de eliminar CO_2 en las zonas de mayor poder fotosintético, y esto ocurrió en muchos países. y sobre todo en Indonesia y Malasia, luego le siguieron algunos países tropicales de Centroamérica y Suramérica, incluyendo Colombia, Ecuador y Brasil.

La palma africana por su alto rendimiento de aceite no fue la única causante de este tipo de desastres, también la soja, el maíz y el girasol con fuerte incidencia en Estados Unidos, Brasil y Argentina, en algunos de ellos no merced a la deforestación, sino por la destrucción de otros tipos de cultivos, como el de algodón. Y es que parece que la industria aceitera carga con la maldición del rey Midas, que todo lo que toca lo convierte en oro ¡pero a que precio!

Sobre la base de todos estos problemas, y sin entrar a detallar las visicitudes de los trabajadores de los cultivos de plantas aceiteras, sobre todo los de la palma; el siglo XX culminó con una conclusión clara y precisa, pero sin una solución definitiva a los problemas de los aceites vegetales y a la creciente demanda en el sector: y es que en esencia, de los muchos tipos de grasas y aceites que se elaboraban, solo uno reunía completamente los requisitos nutricionales y protectores para la salud: el aceite de oliva, sobre todo virgen, pero ahí surgió de nuevo un gran problema, éste no es uno de los que más se produce en el mundo, ni siquiera su volumen de producción se sitúa entre los cinco primeros, y su manufactura con respecto al aceite de palma ronda solo el 5% de éste, para poner un ejemplo, pero más que eso, su producción y precio es caro, sus cultivos prácticamente no admiten la mecanización, y los olivos no nacen y florecen en una sola temporada, requieren su tiempo y condiciones climáticas muy particulares.

Claro, ante una situación como la anterior, lo primero y lo más lógico fue ampliar las superficies y zonas de cultivo, y para ello no bastaba la Cuenca del Mediterráneo, por lo que los olivos, no dados a cambiar mucho de habitad, se vieron obligados a viajar por todo el mundo: África, América del Norte y del Sur, Asia, y hasta Oceanía, por lo que ahora se habla de cultivos de aceitunas en Estados Unidos, Brasil, Chile, Uruguay, Argentina,

Sudáfrica, China, Australia, entre otros. Pero esto no bastaba, por lo que el sector científico y tecnológico se vio obligado a tomar cartas en el asunto y para esto eligió como modelo básico la composición lipídica del aceite de oliva, y se trató de emular su constitución, proceso que condujo, ya con la entrada del siglo XXI, a la aparición de los aceites alto oleicos, los cuales cuentan con una proporción relativamente elevada de ácido oleico y ya están presentes en el mercado minorista con precios mucho más bajos que el aceite de oliva.

Las semillas de plantas más empleadas para producir aceites alto oleicos han sido el girasol, la soja y el maíz, pues la colza ya había sufrido un intenso proceso genético de transformación para obtenerse la variedad conocida como canola, y disminuir al máximo las concentraciones del molesto ácido erúcico, considerado una toxina natural y que entraba en la composición del aceite original en niveles próximos al 50%. De esta manera se logró que la canola, como una variedad genética de la colza revirtiera el proceso natural de producir ácido erúcico y éste tomara la dirección del ácido oleico y otros ácidos grasos en menor proporción, por lo que se logró que este aceite adquiriera concentraciones de ácido oleico que si no estaban a la altura del aceite de oliva, al menos eran satisfactorias, solo que le quedó un pequeño remanente de ácido erúcico, del cual no hablan las empresas productoras, pero su contenido está rigurosamente normado por las instituciones alimenticias internacionales, como la FDA, La OMS, la FAO, entre otras.

Pero volviendo a los aceites alto oleicos, hasta ahora poco se ha divulgado de los métodos de obtención de las variedades de semillas empleadas, aunque se manifiesta que no son transgénicas, pero sobre los que hay que fijar la atención, porque en el mundo de los aceites vegetales con frecuencia ocurre lo que es malo no se divulga, y sí lo que parece bueno, aunque aún diste de serlo, o no se halla comprobado totalmente.

De manera original y poco ambiciosa, hasta el aceite de palma se está viendo involucrado en este asunto, y a finales del siglo pasado y principios de éste, se realizaron cruces con las palmas autóctonas americanas (*Elaeis Oleifera*) para obtener un híbrido conocido por **OxG** (**O**: oleífera y **G**. guineensis, nombres de las dos especies sometidas a cruce). Esta variedad presenta como aspecto importante, además de solucionar los problemas fitosanitarios que provocaron su cruce, que su aceite alcance un contenido muy superior de ácido oleico que el de la palma africana, y menor de ácido palmítico considerado como un ácido graso que induce la aterosclerosis y las ECV en general. De manera que el aceite obtenido presenta concentraciones de ácido oleico superiores al 50% lo que resulta una buena noticia en el sector alimentario, aunque no se sabe aún como se comporte en las industrias de la harina, de las confituras y en el amplísimo sector alimentario que cubre el aceite de palma, porque en el acabado y estabilidad de estos productos se parte como regla, que mientras más insaturación haya en sus aceites, peor se comportarán estos parámetros, pero valorando los dos problemas, creemos que el consumidor ponga su salud por encima de lo demás. De hecho, los promotores de estos proyectos: Colombia, Ecuador, Brasil... prevén lograr una producción de 20 000 TM de este aceite en 2020, al que bautizaron como *aceite de palma alto oleico.*

Siguiendo con nuestro recorrido por el mundo de los aceites, a principios de este siglo hizo su entrada como producto industrial un nuevo producto en el sector oleícola: el aceite de coco, que si bien desde hace mucho se empleaba en la industria de las confituras como agente saborizante, y en la de los cosméticos, y sobre todo era consumido por las poblaciones autóctonas de las islas del pacífico, en su reciente entrada, más bien se comenzó a ponderar de él sus propiedades benignas para la salud, no solo para el cuidado de la piel, el cabello, etc., sino más bien, aunque aún sin pruebas totalmente concluyentes, su acción beneficiosa y protectora sobre las enfermedades cerebro-encefélicas, como la epilepsia y el alzheimer.

El aceite de coco es un aceite *sui géneris,* con una composición lipídica totalmente atípica diferente a la de los demás aceites, en él prevalecen los ácidos grasos saturados de cadena media como el láurico, el mirístico, el cáprico y el caprílico, entre otros, que le confieren una consistencia sólida a semi sólida a temperatura ambiente, por lo que recuerdan a una manteca más que a un aceite. De él se habla y se polemiza mucho en estos momentos, incluso que pese a que la composición de ácidos grasos saturados supera el 90%, no ocasiona o induce daños arterioscleróticos, y que puede servir para controlar el peso corporal, porque éstos ácidos grasos no son acumulables en el tejido adiposo.

Sin embargo, la intención del empleo del aceite de coco no puede verse como una competencia con el aceite de oliva, pues sus propósitos pudiesen verse en senderos algo separados, porque uno va en la dirección de los ácidos grasos monoinsaturados con su acción beneficiosa en las ECV y el otro sobre el tamaño medio de los ácidos grasos, para que pueda ser útil en la prevención del alzheimer, la epilepsia y otras enfermedades cerebro encefálicas, y de hecho algunos de sus componentes, los ácidos de cadena más corta como cáprico y caprílico, se han empleado en formulaciones farmacéuticas para curar o prevenir estos males, que hoy son un gran azote para la humanidad, sobre todo para la población de mayor edad.

Si bien con la incursión en el mercado de los aceites alto oleicos de costos de producción mucho menores que el aceite de oliva, podría pensarse que éste agotó sus armas de lucha con las que había mantenido a raya a sus *enemigos* durante miles de años como logro de la cultura mediterránea, y que esto conduciría al dramático fin de los apacibles olivos, a veces con forma espectral, poco exigentes en cuanto a la fertilidad de los suelos y rigores climáticos; pero nada más alejado de la realidad, estos árboles guardaban un as en su manga, una nueva carta, una que no podía ser copiada por los demás aceites: su virginidad, sí, el aceite de oliva virgen acompaña a sus propiedades nutritivas como aceite una cantidad muy alta y variada de sustancias menores, o componentes secundarios no saponificables, que le dan estabilidad, y lo dotan de infinidad de valiosos productos bioactivos necesarios para el organismo, como vitaminas y antioxidantes, fitoesteroles y un sinnúmero de sustancias más, alguna incluso, recién descubierta, como el oleocantal, derivado fenólico con marcada acción antiinflamatoria.

Si lo que para otros aceites podrían ser molestos acompañantes que afean al producto, lo hacen no consumible directamente, y obligan a éstos a someterse a rigurosos procesos tecnológicos de refinación, generalmente acompañados por calor, solventes orgánicos y con el peligro de la formación de ácidos grasos *trans*, nada de esto es necesario que se haga con el aceite de oliva y éste puede expenderse y consumirse tal y como se extrae de las aceitunas, con suficientes agentes antioxidantes y antimicrobianos para facilitar su estabilidad durante un tiempo prolongado, y que pueda llegar a la mesa del consumidor con pocas variaciones en cuanto a la composición de las sustancias nutritivas que originalmente tenía al ser extraído de los frutos de los olivos, a más de que estos componentes le brindan un aroma y sabor característico, que en general gusta al consumidor.

Ante este hecho es como si en un orden metafórico invitáramos a todos los demás aceites vegetales a que se quitaran el sombrero ante el aceite de oliva, quizás el *"príncipe de los aceites"*, pero un modesto árbol olvidado en los montes y selvas tropicales de la América tropical mostró su fruto: el aguacate del que se extraía un aceite con composición y cualidades nutricionales muy semejantes a las del aceite de oliva virgen, y cuyos efectos hipolipemiantes hace que sea beneficioso en la protección de las ECV y en el tratamiento y la prevención de otros males al igual que el aceite de los olivos.

Y visto así en la primera parte, y ya no en el orden metafórico, el aguacate como fruto ocupa hoy un lugar destacado entre los productos vegetales por su alto poder nutritivo, sabor y aceptación por la población de todo el mundo, lo que hace que sus cultivos se estén extendiendo a muchas regiones del planeta, donde el sol, el agua y los suelos lo permitan, incluyendo las regiones meridionales de Europa. Se vive hoy día lo que se da en llamar el *boom* del aguacate, con cultivos de alto rendimiento y con un fruto, que una vez abierto, se convierte hasta en uno de los más reflejados en *Instagram,* la página de Internet más destacada en cuanto a fotos e imágenes.

Sin embargo, para el aguacate falta su segunda etapa, la que se pronostica se iniciará en el momento mismo en que se satisfaga su alta demanda, y cuando se cuente con una cantidad remanente sustancial de su cultivo para que pueda destinarse a la elaboración de productos derivados, justo en ese momento debe irrumpir con fuerza su hijo predilecto, su sangre verde, el aceite de aguacate, que con producciones aún limitadas muestra semejante composición y propiedades que el aceite de oliva virgen.

El aceite de aguacate pese a su limitada producción actual, generalmente destinada a la industria de los cosméticos, muestra no solo propiedades semejantes a las del aceite de oliva virgen en cuanto a composición lipídica y componentes secundarios dotados de actividad biológica, incluyendo las vitaminas A. D. E y K, tocoferoles, carotenoides, polifenoles y todo un grupo de sustancias semejantes, que hacen predecir que podría resultar en un gran oponente del aceite de los olivos; pero si quedaran dudas sobre su posible acción farmacológica, en el libro, además de tratar sobre este aceite y su fruto, se valoran cerca de una veintena de artículos que recogen investigaciones llevadas a cabo en los últimos años sobre sus propiedades beneficiosas para la salud, en las que se incluyen ensayos *in Vitro,* en animales y en el hombre, con resultados notables y satisfactorios.

Por último, expresar que más que una competencia entre los aceites de aguacate y oliva, lo que sería más conveniente es que se logre un complemento entre ambos, no en cuanto a propiedades que son muy semejantes, sino en áreas de cultivo que resultan muy diferentes para los dos, el uno, el olivo en zonas con ciertas limitaciones de agua y humedad, clima templado; y el otro en zonas tropicales húmedas donde el olivo le constaría mucho adaptarse y producir, el aguacate a los trópicos y el olivo a zonas climáticas como las del Mediterráneo para satisfacer las necesidades de ambas comunidades poblacionales en un producto dietético de elevadas cualidades nutricionales, y de notables efectos beneficiosos para la salud, y la prevención de enfermedades.

I. AGUACATE, LA PLANTA.

El aguacate es el fruto de la *Persea Americana L.*, del cual existen más de ochenta variedades clasificadas, y puede que existan algunas más sin estudiar. Se considera originario del sur de México y de Centroamérica, incluso hasta de la parte norte de Sudamérica y de las islas caribeñas. Se han encontrado fósiles de aguacate en México de unos 10 000 años de antigüedad, además, el nombre de aguacate deriva del término *"ahuaca"*, tal como lo llamaban los aztecas, y así aparece en el famoso Códice de Mendoza. En la zona andina se el conoce como *palta* desde antes de la época de los descubrimientos y en algunas regiones venezolanas como *cura*.

Con el descubrimiento de América por Colón fue conocido por los europeos quienes en el siglo XVI lo trasladaron a Europa, hacia las zonas más meridionales. Pese a las cualidades nutritivas del fruto, su valor comercial fue aparentemente pasado por alto, más bien considerado como una aplanta tropical exótica, aunque ya a mediados del siglo XIX se establecieron plantaciones con fines comerciales en México y Cuba. Sin embargo, su verdadero "*boom*" comercial comenzó a observarse en la segunda mitad del siglo XX y principalmente a finales de éste y principios del actual, invadiendo los mercados de Estados Unidos y de Europa y actualmente en Casio todo el mundo.

La aceptación del aguacate como fruto selectivo para el consumo se hace actualmente en virtud de su valor nutritivo donde se conjugan de forma perfectamente equilibrada un perfil rico en carbohidratos, grasas mono y poliinsaturadas, proteínas, vitaminas, antioxidantes y fibra, todas ellas necesarias en una dieta alimenticia balanceada.

Existen numerosas variedades de aguacate, incluso de diferente forma y tamaño de fruto, que pueden pesar desde alrededor de

200 g hasta cerca de 1 kg para grandes frutos en zonas tropicales. La piel del fruto puede ser variable en cuanto a coloración y rugosidad, y es interesante notar que actualmente el de mayor valor comercial: el Hass, es uno de los menos lúcidos, pequeño, con piel rugosa y negra en su madurez, muy distinto de los enormes aguacates en forma de pera o redondeados, preferiblemente consumidos en otros tiempos, pero que ceden ante éste en un grupo de propiedades que valoraremos posteriormente.

Algunas de las principales variedades comerciales de aguacate son:

Trapp. Tiene su origen en las islas caribeñas: periforme, de color verde, piel lisa, maduración temprana, tamaño mediano a grande (longitud 13,7 cm, diámetro 9,4 cm y peso 550 g). Es el que menos contenido en grasa posee, ligeramente superior al 4%.

Lorena. Propiedades semejantes al Trapp, aunque más pequeño. Longitud 12,9 cm, diámetro 8,8 cm y peso medio 460 g. Presenta un contenido medio de grasas muy pequeño, del orden del 4,6%, poco grosor de la cáscara.

Santana: Híbrido de guatemalteco y antillano. Es uno de los más grandes conocidos. Pulpa carnosa y suave. Alto rendimiento por árbol. Las dimensiones del fruto son: longitud 16,0 cm, diámetro: 9,7 cm y peso medio 683 g. Posee una elevada relación longitud/diámetro: 1,6. Su contenido medio de grasas es muy pequeño, menor del 5%. La cáscara es gruesa.

Choquette. También obtenido por cruces guatemaltecos y antillanos, es de forma ovoide, color verde oscuro, piel lisa. Es un aguacate de gran dimensión al igual que el Santana. Longitud 13,0 cm diámetro 9,9 cm y peso medio 660 g. Su fruto contiene una gran cantidad de pulpa, las tres cuartas partes de su peso, y con una pequeña semilla que representa alrededor del 10% de su peso, sin embargo, presenta un bajo contenido en grasa, poco más del 5%. Como era de esperar de su tamaño, su cáscara es de alto grosor, superior a 1,5 mm.

Redd: Tamaño apreciable en frutos redondeados, coloración verde, alta productividad. Peso medio entre 400-800 g.

Trinidad: También de la raza guatemalteca, cáscara verde oscura y rugosa, tamaño medio, de forma redondeada sobre una base plana, al extremo que la diferencia entre la longitud y el diámetro es muy pequeña solo de 0,9 cm en comparación con los 6,3 del Santana o los 4,3 del Trapp. Longitud 9,9 cm, diámetro 9,0 cm y peso medio 410 g. Su semilla es muy grande y representa más de la cuarta parte de su peso. Presenta un contenido medio de grasas del 12%. Su cáscara es de muy pequeño grosor, sobre los 0,7mm.

Fuerte: Variedad de importancia comercial. Periforme, relativamente pequeño, aunque más grande que el Hass. Longitud 11,9 cm diámetro 7,6 cm y peso 334 g. Presenta un contenido medio de grasas del 11%. Cáscara de poco grosor.

Booth-8: ovoide. Tamaño de mediano a pequeño: longitud: 10,7 cm, diámetro, 8,5 cm y peso medio: 390 g. Presenta un contenido medio de grasas menor del 7 %. Cáscara muy gruesa de acuerdo a su tamaño, superior a 1,4 mm.

Hass Es como exponíamos, el de mayor valor comercial atendiendo a un numeroso grupo de cualidades, entre las que se encuentran:

-Alta productividad y casi durante todo el año. Ovoide, de pequeño tamaño: Longitud 8,8cm, diámetro 6,6 cm y masa media 195 g. Como aspecto negativo, su cáscara es extraordinariamente gruesa para su tamaño, del orden de los 1,45 mm. Presenta también la mayor cantidad de masa seca con un valor cercano al 40%, duplicando y hasta triplicando el de los demás aguacates.

-Amplia duración de la cosecha, es de madurar lento, que puede prolongarse entre cinco o seis meses

-Fácil reconocimiento del estado de madurez del fruto por el color negro que asume su cáscara. Puede colectarse verde para madurarse después, o puede recogerse en la mata maduro con su coloración que lo identifica y donde se mantiene sin deteriorarse por tiempo prolongado.

-Bajo contenido de pulpa, del orden del 55% debido al elevado grosor y peso de la cáscara: alrededor del 20% del fruto. En contraposición presenta un alto contenido de grasas mono y poliinsaturadas, que en ocasiones puede llegar, y hasta sobrepasar el 25%, por lo que y duplica y hasta quintuplica el de los demás aguacates en relación con su tamaño.

-Adaptabilidad a los climas subtropicales.

En lo que respecta a la cantidad de agua o humedad de las especies estudiadas todas, con excepción del Hass, presentan valores superiores al 50%, y dentro de los señalados el que más alto contenido de humedad presenta, de acuerdo con los datos que manejamos. es el Santana con valores de alrededor del 88%.

Desde el punto de vista botánico, el aguacate es un árbol que pertenece a la familia *Lauraceae* y que puede alcanzar diferentes alturas, hasta ser un gigante tropical con alturas cercanas o superiores a los 20 metros, o más pequeños en climas poco benignos. Sus frutos presentan una sola semilla y son dicotiledóneos,

Las raíces del aguacate pueden ser de diferente morfología dependiendo del tipo de fruto y las características de los suelos donde se encuentra sembrado, en condiciones naturales la raíz principal para árboles de gran tamaño puede profundizar hasta los dos metros bajo el suelo.

Fuera de los bosques estos árboles son muy afectados por los huracanes que los derriban, aunque desde el suelo, siempre que conserven raíces hundidas en la tierra, pueden continuar su ciclo de vida. Las raíces carecen de pelos absorbentes

La profundidad del sistema radicular depende, entre otros factores, de la demanda y disponibilidad de agua, por lo que en cultivos donde tienen acceso a la misma no llegan nunca al metro de profundidad, más bien hasta las 2/3 de éste.

Las características del sistema radicular determinan el tipo de suelo para el cultivo, siendo preferentes los suelos arenosos ricos en arcillas, en una composición aproximada de 50% de arena y arcilla + limo la otra mitad.

El aguacate presenta un tallo grueso, cilíndrico, rugoso y acanalado. En ambientes naturales suelen ser altos y verticales, pero en condiciones de siembra resultan ser más piramidales, hecho motivado por la poda frecuente para disminuir su altura y facilitar las labores de cosecha.

El aguacate es un árbol injertable lo que facilita su propagación y puesta en explotación en poco tiempo, con los correspondientes beneficios económicos que esto comporta.

Posee hojas de muy variados tipos: redondeadas, lanceoladas, etc. cuyo color varía no solo con el tipo, sino también con el estado de madurez, lo que puede hacer que su tono varíe desde un verde claro hasta un verde oscuro o casi marrón. Muestran un color brillante motivado por la cubierta cerosa del envés En general presenta hojas muy vistosas.

La inflorescencia en el aguacate se da en forma de racimos de flores bisexuales, con pedúnculos cortos de tres pétalos y tres sépalos muy parecidos entre si. Las flores tienen 12 estambres de los cuales solo 9 realizan sus funciones vitales. Constan de un solo ovario. El color de las flores varía entre el verde pálido al amarillo, incluyendo el crema. Presentan polinización cruzada.

El fruto del aguacate, que es el que le da su valor de uso, puede definirse como una baya con múltiples formas, tamaños y variaciones, sobre todo merced a su adaptabilidad climática y de cultivo, así como los múltiples cruces e hibridaciones que está sufriendo en los últimos tiempos. Las formas más comunes en que éste se presenta suelen ser: periforme, ovaloide, cilíndrica, claviforme, abotellada, alargada, entre otras más.

El tamaño y el peso de los frutos varía considerablemente de una especie a otra, su piel muestra generalmente una coloración entre verde el claro al oscuro, al amarrillo, rojizo, o al morado y el negro.

La pulpa o mesocarpio del fruto varía menos en color que el fruto y adquiere una tonalidad entre un amarillo blanquecino, verde claro, y amarillo con diferente intensidad en cada caso, partiendo desde el claro al intenso. Los frutos poseen una sola semilla cuyo tamaño y peso en relación con éste puede ser muy variable. La variedad Hass, por ejemplo posee una semilla muy pequeña.

La masa del fruto puede contener determinadas cantidades de fibra en relación con el tipo de aguacate, desde muy fibrosa hasta poco fibrosa.

Dado el alto poder fotosintético del aguacate, necesario para producir frutos ricos en grasas, carbohidratos y proteínas, éste se considera una planta heliófila, que debe cultivarse aislada de la sombra de otros árboles y con suficiente separación entre un árbol y otro. Esto también juega con la inclinación de los suelos cultivables en que debe evitarse que una porción de éstos no sean ocultados una parte del día por las elevaciones, además, la inclinación del terreno puede dificultar la recolección, por lo que aunque se pueden cultivar en terrenos de inclinación pronunciada, es preferible que ésta sea en ángulos que confieran una morfología moderada.

La altura donde se ubican n las tierras de cultivo resulta ser muy variable, pudiendo llegar hasta los 2000 m de altura, aunque son preferibles altitudes menores.

Como árbol tropical, y en menor medida subtropical, los valores pluviométricos son importantes, y en plantas de cultivo tropical esta debe estar comprendida entre 1200-1800 mm/año, pero en todos los casos la lluvia o irrigación debe ser espaciada para que se obtengan los mejores resultados, lo que en el caso de la naturaleza no es posible controlar. Períodos largos de sequía en cultivos de secano, pueden afectar considerablemente la cantidad y calidad de la cosecha, o incluso, en extremos causar la muerte del árbol, pero por las condiciones de cultivo es lo que menos se observa.

Atendiendo a la amplia variedad de clases de aguacates y los múltiples cruzamientos de que ha sido objeto en tiempos recientes, la temperatura donde se cultivan no se encuentra restringida a unos valores muy estrechos y ésta dependerá de las variedades concretas cultivadas, aunque generalmente se requieren temperaturas mayores de los 20 grados, e incluso hasta cercanos a 30, lo que da buenos resultados en la generalidad de los cultivos.

La variedad Hass generalmente se da mejor en temperaturas características de los climas subtropicales, alrededor de los 18C.

La propagación de las plantas, aspecto muy importante al tratarse de frutos se puede realizar por diferentes vías:

-Por semilla, método tradicional, mediante la selección de frutos sanos y maduros, adecuado para plantas de gran longevidad y de rápida inflorescencia, patrones que muchas veces no se interrelacionan.

-Por yemas, mediante el método asexual, para variedades de aguacate de alta productividad y adaptabilidad a las condiciones ambientales. Se tiene cuidado de emplear árboles sanos y buenos productores.

Posteriormente, después de pasar por los viveros, los pequeños árboles de aguacate deben plantarse separadas por varios metros entre sí, aunque sin un indicador general adecuado, dado por el crecimiento de la planta, la altura y anchura de las copas, etc. Por esta razón las distancias de siembra pueden oscilar entre 8 x

21

6 m, y hasta con valores más bajos, entre 2,5 x 4 m, o hasta más altos de 10 x 10 m, pero en todo caso de acuerdo a las condiciones en que se van a realizar los cultivos, intensidad de luz solar, variedad de aguacate, tipo de suelo, riego, y a veces por criterios tradicionales o subjetivos de los cultivadores.

Como media, se puede tomar un número de 15-200 plantas por hectárea para rendir producciones cercanas, o menores de las 10-11 TM/ha. Incrementar el número de árboles por unidad de superficie implica el aumentar la frecuencia de podas, incluso llegar como media a cinco seis podas por año, con lo que se encarece el costo de la mano de obra y por consiguiente del cultivo. También depende de la disponibilidad y calidad de los suelos, el tipo de aguacate y las condiciones climáticas,

En general, existe mucha controversia en este sentido, también es necesario tener en cuenta la profundidad y diámetro del hueco donde se va a plantar la semilla para que las raíces de éste puedan extenderse y profundizar lo más posible, y así extraer la mayor cantidad de agua y de nutrientes. Por esta razón debe airearse y dispersarse la tierra antes de plantar el árbol.

Después de la siembra se apisona bien el suelo para evitar bolsas de aire. Como fertilizantes debe emplearse una fuente suministradora lenta y continua de calcio y magnesio, generalmente en forma de superfosfatos o piedras fosfóricas.

Con esto, sin embargo, no termina el proceso de siembra del aguacate, pues hay que atender bien los ruedos para que éstos no sean invadidos por hierbas, malezas, o plantas parásitas que puedan competir con ventaja con el aguacate, dado que las raíces superficiales de éste podrían ser dañadas por métodos mecánicos de limpieza. En este sentido, además de incluir las técnicas tradicionales acostumbradas, sería conveniente añadir desechos de limpias o podas de plantas rodeando el árbol, que a la vez de protegerlo de las plantas invasoras pueden añadir sustratos al suelo.

Como el aguacate es un árbol muy competitivo, éste puede

alcanzar gran altura y se hace necesario podarlo para facilitar las labores de recolección., por lo que este proceso es ininterrumpido durante toda la vida de la planta, aunque el modo y la frecuencia no están bien estudiados y depende en esencia de la experiencia del productor, así como el tipo de fruto y las condiciones de explotación.

Aunque el árbol de aguacate en su estadio natural crece sin necesidad de fertilizantes, las técnicas modernas aconsejan tener en cuenta éstos en la medida que se van agotando los nutrientes del suelo, lo que posibilita mejores rendimientos en las cosechas. En esencia, los nutrientes que pueden ser renovados mediante fertilización suelen ser combinaciones de fosfatos como el DAP (fosfato diamónico), urea y compuestos de potasio, como el KCl (cloruro de potasio), pero en definitiva existen diferentes formulaciones y formas de aplicarse, dependiendo también de si los cultivos son de secano o regadío.

En un principio, a los pocos meses, se añaden pequeñas cantidades de fertilizante, del orden de unas decenas de gramos, pero posterior al año, la cifra se eleva a más de cien gramos y sobre los 2 años ya se realizan fertilizaciones con cerca de medio kg. Pero todo esto, más que reglas, pueden variarse de acuerdo a las condiciones del suelo, clase de aguacate, condiciones climáticas, etc.

Una vez descrito el proceso de siembra de aguacate de manera directa a partir de semillas, resulta recomendable detallar el método de injerto que es el que más se realiza entre los productores.

Lo primero que hay que tener en cuenta es que exista una verdadera compatibilidad entre la vareta procedente de la planta de injerto y el portainjerto, porque de lo contrario se corre el riesgo de que el proceso de injerto constituya un verdadero fracaso. De manera categórica debe decirse que el portainjerto debe ser una planta obtenida de semillas cuidadosamente seleccionadas.

En todo el proceso de injerto surgen dificultades relacionadas con el hecho de que el árbol del aguacate es de polinización cruzada heterocigótica, y no se cuenta con plantas certificadas de éste, por lo que la mayoría de portainjertos son productos de mutaciones naturales.

Como regla de oro básica para obtener una alta productividad en las cosechas deben obtenerse plantas mediante la interacción de un portainjerto de calidad y una variedad de planta de alta productividad.

En la obtención de un buen portainjerto hace falta seleccionar semillas de aguacate nativo, sanos, en su estado de maduración fisiológica y de un número limitado de árboles, para evitar en lo posible la diversificación. No se deben escoger semillas caídas en el suelo, pues podrían estar infectadas por patógenos. Como parte inicial del proceso, se separa totalmente la semilla de la pulpa, de manera que no queden residuos de ésta, se lava y se deja airear a la sombra. Después se remueve la cubierta o *testa* de la semilla porque esta contiene inhibidores bioquímicos que frenan el crecimiento.

Si se hace necesario almacenar las semillas esto debe hacerse a temperaturas ligeramente superiores a 5 C y durante un período de tiempo no mayor de ocho meses.

Durante la siembra, la semilla se coloca con la parte basal ancha hacia abajo, y la cúspide o piramidal hacia arriba, con separaciones entre plantas de 5 cm. La profundidad de siembra también puede rondar un valor semejante, mientras que la distancia entre surcos no debe ser menor de 15 cm. El período de germinación puede tardar hasta cerca de mes y medio después de la siembra, e incluso un poco más, hasta los dos meses.

En todo el tiempo que demora la semilla en germinar es preciso realizar todo un tipo de procesos de desinfección con diferentes productos químicos para evitar enfermedades en las semillas. Una vez germinado el aguacate, es preferible que las pequeñas plantas permanezcan cubiertas durante el día para evitar la deshidratación, a la vez que permanezcan expuestas en la noche.

Una vez hayan salido las seis primeras hojas, o la pequeña planta alcance una altura de poco más de 6 cm, está lista para el trasplante, que se realiza colocándolas en bolsas de plástico perforadas con cerca de 4 Kg. de sustratos de donde se pasan a los viveros

Entre seis y diez meses después, la planta esta lista para injertar siempre que alcance un grosor superior a 1,5 cm. de diámetro. Es preferible para el proceso de injerto el período de primavera y éste puede ejecutarse de varias formas: enchapado lateral, yema, yema con escudete e hendidura, entre otros.

Un aspecto muy importante es la selección de la vareta o planta a injertar, es que provenga de un árbol madre que se encuentre en plena adultez, con una edad media de 5 ó 6 años, además de ser altamente productivos, sanos, y libres de enfermedades.

Las varetas recomendables deben ser de última generación, desprovistas de hojas, con un grosor medio de 1 cm y una longitud de 10 cm, además de ser portadores de alrededor de 5 yemas. Este proceso debe realizarse en el momento de realizarse el injerto, o con un mínimo tiempo de antelación.

Técnicas más modernas con el empleo de patrones clonados han tenido dificultades prácticas para llevarse a cabo dado el costo del proceso para obtener los patrones de semillas clonadas, y las dificultades para lograrlo, aunque la tendencia futura puede que vaya en esa dirección, por cuanto el método descrito mediante semillas botánicas no garantiza un patrón uniforme de plantas, que es lo que sería más recomendable en la cosecha.

Los aspectos explicados pueden sufrir variaciones de acuerdo a las condiciones en que se realiza la siembra y explotación de los cultivos, tipo de suelos, altitud de los sembrados, variedad de aguacate, y por supuesto, el clima, además de la experiencia y criterios propios del agricultor.

Es necesario recordar, además, que la humedad relativa juega un rol importante en el cultivo de aguacates y en los climas tropicales esta no debe ser menor de un 80-85%. También que en lo que respecta a la luz solar, el tiempo al cual los aguacateros deben estar bajo ésta debe ser en un intervalo medio de 1000-1200 horas de luz anual, equivalente a 7500-13400 kJ acumulados entre una temperatura de 10-30 C.

Plagas y enfermedades

Está claro que no se puede pensar que árboles de procedencia tropical y de diversa naturaleza no tengan suficientes enemigos naturales de los que defenderse, y en esto el aguacate no es una excepción. Dentro de éstos se encuentran diferentes tipos de insectos, incluyendo hormigas, moscas, chinches, ácaros, barrenadores, etc. que pueden ocasionar perdidas cuantiosas en los cultivos si no se tratan con premura, para luchar contra ellos, además del control biológico, hay diferentes medios químicos de tratamiento, de acuerdo con el criterio de los especialistas y las medidas de protección de la naturaleza y el medio ambiente de cada país.

También se ha reportado que el aguacate puede ser afectado por diferentes microorganismos como la *Pseudocercóspora sp.*, que además de atacar las hojas, crea unas manchas negras en el fruto, sobre todo en los de piel lisa, sometidos a fuertes y frecuentes precipitaciones.

Los hongos como *Phytophthora cinnamomi*, conocido vulgarmente como cáncer del aguacate, causa numerosas pérdidas en todo el mundo. El hongo ataca la raíz y el cuello del árbol y está muy asociado con las características del suelo cuando éstos son muy cargados en limo y materia orgánica, y el pH es muy ácido. Otros hongos como *Colletotrichum sp, Rhizopus sp y Dothiorella sp*, producen un fenómeno conocido como pudrición del aguacate, que comienza ocasionando el deterioro del fruto desde su punto de unión con las ramas, desde donde va avanzando hasta ocasionar la total pérdida del fruto. Todos estos hongos están favorecidos por la elevada humedad, sobre todo en regiones de altas precipitaciones.

La cosecha, y parte no menos importante del cultivo, puede comenzar aún sin el fruto maduro, muy recomendable en otras especies que no sean la Hass, pues cuando éstos maduran tienden a desprenderse y caer al suelo causándose la pérdida del mismo. En general, todo lo que sea golpear el fruto puede afectar su maduración, pues las zonas lastimadas tenderán, a deteriorarse antes de de madurar éste. El momento óptimo de maduración o recogida no es fácil de determinar en los aguacates, aunque en general en los de piel lisa es cuando éstos pierden su brillo característico, mientras que en otros como el Hass, cuando ocurre el cambio de color hasta tomar tonalidades oscuras.

Posterior a la recolección es preciso que la zona de almacenaje esté oculta a los rayos del sol, no exista elevada humedad, no sufran golpes durante el almacenamiento, y se mantengan a temperaturas adecuadas que pueden ser entre 5-10 C, aunque todo depende de la variedad de aguacate cultivada.

II. ACEITE DE AGUACATE.

Si algo tiene el aceite de aguacate que lo diferencia de los demás aceites vegetales es su perfil lipídico muy semejante al del aceite de oliva, sobre todo en lo concerniente a su alto contenido de ácido oleico, y en general de ácidos grasos poliinsaturados, así como el que se pueda expender virgen con porciones menores no lipídicas ricas en nutrientes: vitaminas, antioxidantes, esteroles, polifenoles y minerales, entre otros productos acompañantes.

El andar y la introducción del aceite de aguacate en el sector aceitero ha sido como que siguiendo las doctrinas del viejo maestro chino de la guerra **Sun Tsu,** sobre la necesidad de acercarse silenciosamente al enemigo para sorprenderlo y tratar de obtener la victoria, por lo que el aceite de aguacate (*Persea americana*) que se nos venía presentando como un aceite más, venido a menos, o que recién comenzaba a mencionarse en el sector de los aceites vegetales comestibles, de repente está dando un brusco salto de gigante y se viene presentando como un fuerte rival para el aceite de oliva, dadas sus propias concentraciones lipídicas, sin necesidad de cruces, así como otras propiedades que lo hacen tener cierta semejanza con el aceite de los olivos, y que llegan hasta tal punto, que es un elemento que tienen en cuenta los que se dedican al mal arte de adulterar aceites con fines lucrativos.

El aceite de aguacate se obtiene de la pulpa fresca y seca de este fruto, donde se encuentra en concentraciones variadas, entre un 5-30%, dependiendo de la clase o tipo de aguacate. Se presenta como un líquido amarillo dorado o ámbar, soluble en disolventes orgánicos y de baja viscosidad. Tiene bajo índice de saponificación y contiene, el virgen, cantidades significativas de esteroles y vitaminas A, D y E con el consiguiente efecto antioxidante. Es humectante y mejora la hidratación de la piel.

De las variedades de aguacate estudiadas, las que presentan las mejores características para ser sometidas a procesos tecnológicos de extracción de aceite, de acuerdo con su contenido lipídico son: la Hass (27% de aceite en pulpa), la Trinidad (12%) y la Fuerte (11%). Las demás presentan un menor contenido lipídico como se puede apreciar a continuación:

Variedad de Aguacate	Lípidos %
Hass	27
Trinidad	12
Fuerte	11
Booth-8	6,6
Choquete	5,3
Santana	4,8
Lorena	4,6
Trapp	4,2

A grosso modo, las semejanzas del aceite de aguacate y el de oliva son sustanciales, aún más en su composición lipídica, como se muestra a continuación.

Composición porcentual media de ácidos grasos de los aceites de aguacate y oliva virgen.

Ácido	A. Aguacate	A. Oliva
C14:0	0,03	-
C16:0	16,6	11,5
C16:1	7,1	0,9
C18:0	0,5	2,2
C18:1	63,9	68,8
C18:2	10,8	10,5

Como se puede apreciar de la tabla anterior, sin realizar transformaciones o drásticos cambios genéticos, hay variedades comerciales de aguacate que producen aceites con concentraciones y con un perfil lipídico que se asemejan notablemente a las del aceite de oliva, por lo que debe comportarse como un aceite protector o beneficioso para las enfermedades cardiovasculares. Aunque el aceite de aguacate contiene una ligera proporción, menor en 6 unidades porcentuales, de ácido oleico que el aceite de oliva, esto se contrarresta con la significativa cantidad de ácido palmitoleico, también monoinsaturado y beneficioso para la salud que contiene.

En cuanto a las propiedades fisicoquímicas principales, también se establece una correspondencia análoga, tal como se aprecia a continuación:

Principales propiedades fisicoquímicas de los aceites de aguacate y oliva vírgenes.

Parámetro	Aceite de Aguacate	Aceite de Oliva
Densidad	0,910-0,920	0,910-0,916
Ind. Refra.	1,468-1,475	1,4677-1,4705
Índice de I$_2$*	85-90	75-94
Índice Sap.**	177-19	184-196
Índice perox.***	2-10	20

* cgI2/g
** mg KOH/g
*** meq de oxígeno activo/kg de aceite

En un análisis más detallada Eyres y cols. Estudiaron comparativamente lotes de aceites de oliva neozelandeses y de aguacate con los siguientes resultados:

Comparación de la composición de ácidos grasos de aceites de aguacate y oliva virgen de Nueva Zelanda.

Ácidos Grasos	Aceite de Aguacate	Aceite de Oliva
C14:0 Ácido Mirístico	-	-
C16:0 Ácido Palmítico	12,5-14,0	8,6-12,9
C16:1 Ácido Palmitoleico	4,0-5,0	0,3-0,7
C17:0 Ácido Heptadecanoico	-	-
C17:1 Ácido Heptadecenoico	-	-
C18:0 Ácido Esteárico	0,2-0,4	2,1-2,8
C18:1 Ácido Oleico	70,0-74,0	77,0-82,6
C18:2 Ácido Linoleico	9,0-10,0	4,6-7,5
C18:3 Ácido Alfa-Linolénico	0,3-0,6	0,5-0,7
C20:0 Ácido Araquídico	0,1	0,0-0,6
C20:1 Ácido Gadoleico	0,1	0,0-1,4

Como se puede apreciar de la tabla anterior y siguiendo su secuencia en cuanto al ácido mirístico, en ambos lotes no se encontraron concentraciones medibles, lo que constituye la primera semejanza entre ambos aceites, sin embargo, en lo concerniente al ácido palmítico, que es un ácido saturado de los que más pueden incidir negativamente en los daños ateroscleróticos, en el aceite de oliva las cantidades medidas son menores en un intervalo del 9-31%, en lo que respecta al palmitoleico que por su carácter de mono insaturado debe ser protector de los daños ateroscleróticos la situación se revierte y en el aceite de oliva la concentraciones de este ácido son mínimas, para no decir poco significativas, mientras que en el aceite de aguacate se elevan hasta niveles de un 4-5 %, es decir más de 10 veces que en el de oliva.

En el estudio llevado a cabo los autores no encontraron cantidades medibles de los ácidos heptadecanoico (C17:0) y heptadecenoico (C17:1)

En lo que respecta al ácido esteárico (C18:0), también un ácido graso saturado, aunque su incidencia sobre el daño aterosclerótico ha sido cuestionada en los últimos tiempos, los niveles hallados son bajos en ambos aceites, fracciones porcentuales en el de aguacate y entre el 2,1-2,8% en el de oliva, pero que no lo hacen un parámetro diferenciante entre ambos aceites.

Lo que si resulta altamente significativo son las elevadas concentraciones de ácido oleico encontradas en el aceite de aguacate, entre el 70-74% solo 7-8,6% de diferencia con el que tiene el aceite de oliva, lo que lo hace el más semejante con éste de los aceites vegetales y hace viable este análisis, así como valorar la posibilidad de que éste pueda convertirse en un sustituto o alternativa del valioso aceite del mediterráneo, sobre todo en los países productores de aguacate, donde este producto alcanza precios accesibles.

En lo que respecta al ácido linoleico (C18:2), un ácido graso poliinsaturado protector de las ECV, las diferencias en números porcentuales no son altamente significativas y se encuentran en el intervalo: 4,4-2,5; aunque en el aceite de aguacate presenta concentraciones de este ácido mucho mayores que en el aceite de oliva, cuyos valores se hallan en el intervalo 7,6-7,5%. Estos valores tampoco pueden ser diferenciantes en estos aceites si bien es ligeramente más recomendable el aceite de oliva para freír que el de aguacate dado por las archiconocidas reacciones de oxidación y autooxidación que sufre este ácido durante los procesos de calentamiento, con la formación de peróxidos y radicales libros dañinos para el metabolismo celular, que pueden elevar su cinética de deterioro y envejecimiento y en el peor de los casos la mutagénesis.

En lo que respecta al hermano mayor del ácido linoleico en cuanto al número de dobles enlaces, el linolénico, tampoco se encuentran diferencias significativas entre ambos aceites, incluso en el de oliva son ligeramente superiores, aunque en el orden de las décimas porcentuales, nada que tener en cuenta.

En los ácidos grasos siguientes sometidos a comparación: araquídico (C20:0) y gadoleico (C20:1), los valores hallados son poco significativos en ambos casos.

De todo lo anterior hay que concluir que las semejanzas en cuanto al perfil lipídico en ambos aceites son más que manifiestas, sobre todo en lo referente a las elevadas concentraciones de ácidos grasos monoinsaturados que presentan y con mayor importancia el ácido oleico.

Sin embargo, en el caso de los aceites vírgenes y esto es lo que da valor a ambos tipos de aceites, sería necesario valorar de forma somera los componentes menores o secundarios que acompañan a estos aceites para lo cual volveremos a recurrir al estudio llevado a cabo por Eyres y colaboradores en nueva Zelanda, mostrados en la siguiente tabla:

Comparación de algunos componentes secundarios de los aceites de aguacate y oliva Nueva Zelanda (2003).

Análisis	Aceite de Aguacate	Aceite de Oliva
AGL (%)	0,08-0,17	0,15-0,25
Fitosteroles (%)	-	-
Beta-sitosterol (%)	0,45-1,0	0,1-0,2
Clorofila (ppm)	40-60	4-6
Vitamina E (ppm)	130-200	100-150
Alfa-tocoferol (ppm)	130	100
Beta/Gama-tocoferol (ppm)	15	10
Cobre (ppm)	<0,05	0,05-0,1

Como se puede apreciar en este análisis preliminar, ambos aceites muestran la presencia de beta sitosterol, clorofila, vitamina E, tocoferoles y el mineral cobre, aunque en estudios más detallado se han encontrado otros componentes, pero lo más llamativo es que en todos los indicadores, salvo en los minerales, los contenidos de estos nutrientes, algunos de los cuales son poderosos antioxidantes como la vitamina E y los tocoferoles en general, su concentración en el aceite de aguacate es muy superior que en el aceite de oliva, por lo cual si de hechos este aceite es muy ponderado por contener componentes secundarios de esta naturaleza, el que en el aguacate se presentan en mayor cuantía, es un elemento a su favor desde el punto de vista de su empleo como aceite vegetal con funciones semejantes a las del de los olivos.

Aunque en esta tabla no se refleja la cuantificación de fitoesteroles, éstos es conocido que se encuentran en ambos tipos de aceites, así como otras vitaminas y componentes orgánicos secundarios con actividad biológica como polifenoles, así como otros minerales como el potasio.

Propiedades fisicoquímicas del aceite de Aguacate

El aceite de aguacate virgen se presenta como un líquido oleoso transparente, de baja viscosidad, libre de disolventes, de olor débil a su fruta de origen, libre de partículas en suspensión, de color verde a amarillo ambarino, con las siguientes características fisicoquímicas, tomando como patrón la variedad Hass que es la que más se comercializa.

Acidez: 0,5%
Humedad: 0,90 %
D_{20C} : 0,91 g/cm³
Índice de peróxidos meq O_2/kg: 6,92
Índice de Refracción (25C): 1,4685
Índice de saponificación meq. KOH/L: 186.35
Índice de I_2: cg I_2/g: 78,1
T.eb.: 318C
T. infl.: > 295C
Punto de humo: 250C.

Es interesante destacar que algunas de estos parámetros pueden alcanzar valores muy distintos en dependencia del tipo de aguacate que se somete a estudio (incluso algunos indican que pueden variar para la misma especie hasta por el método de obtención), así por ejemplo, en estudios sobre la variedad **Fuerte** se encontraron valores para los índices de yodo muy superiores que para el **Hass**, mientras que paralelamente, se determinaron valores menores para el índice de saponificación, así se vio con otras propiedades, por lo que como ocurre con los demás aceites: cada tipo es un mundo.

Como las propiedades fisicoquímicas constituyen parámetros eficaces para determinar la calidad de un aceite, así como su modo más adecuado de empleo, también para determinar y controlar si son aptos para el consumo, el aceite de aguacate no constituye una excepción. Algunas propiedades pueden correlacionarse con las estructuras moleculares y la composición o perfil lipídico de los aceites, así como sus componentes minoritarios. Incluso, parámetros que no debieran tener una implicación directa sobre la calidad de un aceite como la densidad, por ejemplo, sí de hecho toma relevancia cuando los aceites, motivados por la reactividad de los dobles enlaces contentivos de electrones π, sufren reacciones de oxidación o polimerización en que este se ve involucrado. También la cantidad de agua remanente en el producto puede tomar un sentido significativo, por cuanto pueden, y de hecho ocurren bajo determinadas condiciones, reacciones de hidrólisis con los triacilglicéridos, y el incremento de ésta en el producto puede facilitar ese proceso, máxime si se prolonga el período de almacenamiento, y más que todo, se realizan procesos de calentamiento, como es lo más normal con los aceites, dado su empleo para cocinar.

Un análisis de estas propiedades sugiere que los valores encontrados para el índice de yodo (78,1) se correlacionan con la insaturación de los ácidos grasos presentes en el aceite de aguacate, cuya cantidad, incluyendo los poliinsaturados es muy superior al 80%. Sin embargo, en aceites con mayor concentración de ácidos grasos polinsaturados como el de soja, maíz y girasol, estos valores pueden ser mucho mayores y en sentido inverso, en el aceite de palma menores.

De igual forma, los valores del índice de peróxidos (6,92) nos informan del grado de oxidación que han sufrido los ácidos grasos y por consiguiente la formación de peróxidos, nada adecuados para la salud por su efecto sobre el deterioro celular de las células. Aunque los valores medidos para el aceite de aguacate están sobre la norma y se corresponden un poco con los del aceite de oliva.

Por otra parte, los valores del índice de saponificación son relevantes para determinar en el aceite de aguacate la concentración de ácidos libres, y el que estos puedan variar con el tiempo nos puede indicar la aceleración del proceso de deterioro del aceite.

Comparativamente con muestras de aceite de oliva virgen, estos parámetros se correlacionan, así el índice medio de iodo para el aceite de oliva reportado se encuentra sobre los valores de 75-94, mientras el de saponificación 184-190 y el de I_2 entre 10 y 20, algo más alto que el hallado para el aceite de aguacate, lo que nos da una prueba más de la calidad de este aceite y su posibilidad de uso alternativa en relación con el aceite de oliva.

La concentración y perfil lipídico de aceite de aguacate no es la misma en las diferentes fases de estadío del aguacate: verde, maduro y pos maduro.

En el primero de los casos: el contenido de ácidos grasos es menor, incluyendo los monoinsaturados, lo que constituye una limitante práctica en el proceso tecnológico para obtener aceite de aguacate, por cuanto en la mayoría de las variedades, con excepción de la Hass, ésta se realiza tomando aguacates sin madurar, que no será recomendable que sean sometidos de inmediato al proceso de extracción, y si se hace, la eficiencia del proceso es menor, así como puede afectarse también la calidad del producto.

A semejanza con las aceitunas, el grado de maduración incide también sobre los componentes secundarios o fracción insaponificable del aceite de aguacate, que como es un producto que generalmente se expende virgen, éstos juegan un papel muy importante sobre los efectos beneficiosos del producto, su estabilidad y su tiempo de conservación.

En el aguacate pos maduro, la concentración de ácidos grasos libres es mayor por la acción de las lipasas propias de la fruta, o de hongos externos, por lo que la calidad del aceite de aguacate es menor y se corre el riesgo que se acelere la cinética de deterioro por oxidación.

El método empleado para la obtención del aceite de aguacate mantiene una ligera relación con su perfil lipídico y sus propiedades fisicoquímicas en general, así, por ejemplo, en estudios de extracción con disolventes (n-hexano) y solo por centrifugación, sin disolventes, se observaron que por el primer método se obtuvieron aceites con concentraciones ligeramente menores de ácido oleico del orden de 0,05-0,1 %. Sin embargo, el rendimiento del proceso fue mucho menor que con el empleo de disolventes.

En los otros parámetros fisicoquímicos se hallaron mayores diferencias, así en el aceite obtenido solo por centrifugación la acidez fue un 13% menor y el índice de yodo resultó un 5,5% mayor. Los análisis del índice de peróxidos fueron diferenciantes de acuerdo con el método empleado para la extracción con disolvente: sin calor o con calor. En el primero de los casos la cuantificación de peróxidos arrojó un valor 6,5% mayor de éstos y en el segundo un 35% menor.

Estos resultados, sin embargo, no pueden darse como concluyentes, dado el pequeño número de muestras y la enorme variabilidad que presenta el aguacate a la hora de realizar un estudio de su perfil lipídico, y la falta, sobre todo, de patrones Standard para realizar medidas exactamente repetitivas. Pero de todas formas, parece ser que los métodos de extracción inciden sobre la composición química del aceite de aguacate virgen.

Aunque en la generalidad de los casos se habla de la extracción del aceite de aguacate del mesocarpio de la fruta, la semilla contiene cantidades superiores al 3% de aceite vegetal. Este aceite, según estudios preliminares, presenta mayor concentración de ácidos grasos poliinsaturados como se muestran en la siguiente tabla:

Perfil lipídico medio del aceite de semilla de aguacate:

Ácido graso	Intervalo %
C16:0 palmítico	7-12
C18:0 Esteárico	3,5-6%
Total saturados	**10,5-18%**
C18:1 Oleico	35-50%
Total monoinsaturados	**35-50%**
C18:2 Linoleico	35-49
C!8:3 Linolénico	0-1
Total Poliinsaturados	**35-50%**

Visto de este modo, el perfil lipídico del aceite extraído de la semilla de aguacate se acerca más a la de los aceites de semillas de plantas oleaginosas tradicionales como el de girasol, soja y maíz, y su valor nutritivo, en lo que se refiere al aceite de la pulpa o mesocarpio es mucho menor.

En lo que se refiere a los demás parámetros fisicoquímicos los valores que hemos podido reunir se muestran en la siguiente tabla

**Parámetros fisicoquímicos aceite
de semilla de aguacate.**

Acidez: 3%
Humedad: 0,3 %
D_{20C} : 0,920 g/cm³
Índice de peróxidos meq O_2/kg: 4,0
Índice de Refracción (25C): 1,4740
Índice de saponificación meq. KOH/L: 188
Índice de I_2: cg I_2/g: 115

Salta a la vista la elevada acidez del aceite de semillas de aguacate (3%) en relación con el extraído de la pulpa (0,90), su mayor densidad, menor índice de peróxidos, semejante índice de saponificación y mayor índice de yodo dado el aumento de la instauración; también el valor mayor contenido de ácidos libres tiene que ver con este parámetro, pues los ácidos grasos poliinsaturados son más reactivos que los monoinsaturados. En conclusión, el aceite de semilla de aguacate se diferencia en muchos aspectos con el del mesocarpio, tal vez por lo cual algunas plantas realizan la extracción de ambos productos por separado y en muchas de ellas se desecha la semilla o se emplea con otros fines.

La composición de la fracción no saponificable de la semilla difiere en mucho con la de la pulpa y en ella juegan un rol fundamental los altos contenidos de polifenoles y taninos.

El aceite de aguacate que se recomiende se emplee para la alimentación es el extraído y elaborado a partir de la pulpa.

III. COMPONENTES MINORITARIOS DEL AGUACATE

Uno de los aspectos fundamentales que le da valor agregado a un aceite vegetal virgen son los componentes minoritarios que posee, ajenos a su perfil lipídico, tales como vitaminas, antioxidantes, esteroles, polifenoles, minerales, entre otros que ejercen en lo general un efecto positivo sobre el organismo. En este sentido, a semejanza del aceite de oliva virgen, el de aguacate se destaca tanto como éste, además de que su digestión es tolerable atendiendo a su gusto, olor, sabor, entre otras cualidades.

Pero haciendo énfasis en lo más importante, la naturaleza de los componentes secundarios o fracción no saponificables, desde hace mucho tiempo se han identificado en el fruto del aguacate un amplio grupo de sustancias de diversa naturaleza e importancia, así Moreiras y cols., en sus archiconocidas e importantes tablas de composición de los alimentos indicaban, primero para la fruta, que en 100 g de la pulpa o parte comestible (mesocarpio) se encontraban aproximadamente:

Agua: 78,5 g
Proteinas: 1,5 g
Carbohidratos: 5,9 g
Grasas: 12 g
Fibra: 1,8 g

Minerales:

K: 400 mg
Mg: 41 mg
Ca: 16 mg
Na: 2,0 mg
Fe: 1,7 mg

Y entre otros componentes:

Tiamina: 0,09 mg
Riboflavina: 12 mg
Equivalentes de niacina: 1,5 mg
Vitamina B6: 0,42 mg

Vitamina A: 41 µg
Ácido ascórbico: 17 µg
Caroteno: 246 µg
Vitamina E: 3,2 µg
Así como ácido fólico y vitamina B12, entre otras:

En los últimos años, y en la medida que el aguacate ha tomado importancia como componente alimentario, articulo comercial, planta aceitera, etc., se han incrementado notablemente las referencias sobre estos componentes, también sobre su diversa y variada naturaleza, así como su cuantificación, sin que con esto se pueda comparar a todo el avance que se ha alcanzado en este campo con el aceite de oliva.

En este sentido, en la pulpa del aguacate se han encontrado:

Carotenoides y Vitamina A:

β-Carotenos: 60-65 µg/100g

α- Caroteno: 20-30 µg/100g

β-Criptoxantina: 20-30 µg/100g

Xiazantina y Luteina.

Vitamina A:

Retinol: 4-7 µg/100g

Vitaminas del Complejo B:

B1: Tiamina: 0,07-0,10 mg/100g
B2: Riboflavina: 0,13-0,15 mg/100g
B3: Niacina: 1,90 mg/100g
B5: ácido pantetónico: 1,45-1,50 mg/100g
B6 Piridoxina: 0,28-0,30 mg/100
B8: ácido fólico: 85-90 µg/100g

Como las vitaminas del grupo B son hidrosolubles, es de suponer que la mayor parte de ellas sean eliminadas durante el proceso de extracción del aceite y se evacuen con el agua remanente.

Vitamina C:

Ácido ascórbico: 8,5-9,0 mg/100 g

Fitoesteroles:

β-sitosterol: 70-80 mg/100g

Campesterol: 3-7 mg/100g

Estigmasterol: 1-3 mg/100g

Tocoferoles. Vitamina E.

Vitamina E o α-tocoferol:1,3-2,5 mg/100g
β-tocoferol: 0,03-0,05 mg/100g
γ-tocoferol: 0,30-0,34 mg/100g
δ-tocoferol: ~ 0,02 mg/100g

Por lo que se puede considerar al aguacate como una fuente importante de vitamina E

Vitamina K: 14 μg/100g

Compuestos fenólicos

Total: 200 mg/100g

Dentro de los compuestos fenólicos identificados destacan:

Ácidos:

Cinámico
4-hidroxibenzoico
2,3-dixhidroxibenzoico
Vanílico e isovanílico
3,5-dixidroxibenzoico
Orto, meta y paracuméricos, entre muchos otros compuestos

Flavonas.

Naringenina
Epicatequina
Catequina, entre otras.

También se han identificado alcoholes e hidrocarburos alifáticos de cadena larga.

A continuación detallaremos resumidamente las características de estos compuestos:

1. Carotenos:

Sin oxígeno en su estructura:

ß-caroteno

Fórmula global: $C_{40}H_{56}$

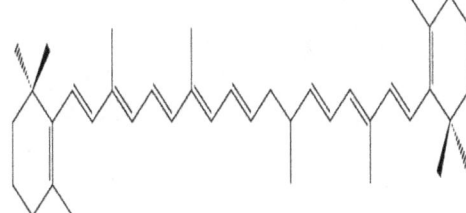

ß-caroteno

Se presenta como una sustancia sólida a temperatura ambiente, de color amarillo rojizo a rojo púrpura. Insoluble en agua.

M: 536,87 g/mol
D_{20C}: 0,94 g/cm^3
T.Fus.: 180 C
T.eb.: 640 C

Pertenece a la familia de los terpenos, por lo que es un hidrocarburo con múltiples dobles enlaces conjugados, responsable del color de éstos por su absorción de radiación electromagnética en la zona visible del espectro. Es muy abundante en la naturaleza, los compuestos relacionados con él forman lo que se llama la familia de los carotenoides muy importantes para la dieta humana.

La importancia básica del ß-caroteno, es que es precursor de la vitamina A. Funciona como un antioxidante liposoluble y aumenta el sistema inmunitario.

El color amarillo anaranjado de este compuesto es el que le traslada a diversos vegetales como la zanahoria de donde deriva su nombre. Además de ésta, se encuentra en diversos vegetales como calabaza, albaricoques, etc.

Vitamina A: Retinol

Retinol

Es una vitamina liposoluble que deriva de los carotenos de los vegetales y se encuentra en los animales en su forma exacta y natural. Su efecto protector está dado por la facilidad para capturar radicales libres, así como oxígeno atómico y molecular. Está presente en muchas variedades de plantas a las que comunica su color. Es muy inestable al calor y a los metales de los utensilios de cocina, como hierro y cobre, entre otros.

Se considera que los carotenos poseen acción antioxidante por su capacidad para secuestrar radicales libres, incluyendo el oxígeno atómico.

α- Caroteno

α- Caroteno

Es un isómero estructural del ß-caroteno con el que comparte la misma fórmula global, pero con una estructura ligeramente diferenciada. Presenta propiedades antioxidantes más intensas que éste, pero aparece en mucha menor cantidad en la naturaleza.

48

Con oxígeno en un anillo hexagonal (Xantofilas).

β-Criptoxantina.

β-Criptoxantina

Fórmula global: $C_{40}H_{56}O$

M: 555,85 g/mol
T.fus. 169 C

Sólido amarillo a temperatura ambiente, parcialmente soluble en agua. Se obtiene por extracción de flores de *Physalis*

Es un pigmento vegetal conocido, miembro de la familia de los carotenoides y recogido en la lista de colorantes alimentarios de la Unión Europea con el nombre genérico E-161c. Se emplea preferentemente en confitería.

Este producto natural está relacionado con el color amarillo de algunos vegetales: melocotón mandarina, melón, entre otros. En el organismo es un precursor de la vitamina A, por lo que muestra propiedades antioxidantes.

Xeazantina.

Fórmula global: $C_{40}H_{56}O_2$

Xeazantina

M: 568,87 g/mol

Presenta estructura bicíclica con dos anillos β y también dos grupos OH en anillos hexagonales.

Es un pigmento natural liposoluble de color amarillo naranja, pertenece al grupo de las xantofilas y es un protector solar de las plantas, así como en el ojo humano donde juega igual función.

Luteína.

Fórmula global: $C_{40}H_{56}O_2$

Luteína

M: 568,87

Juega un rol en las plantas y el ojo humanos semejantes a la xeazantina, generalmente en las plantas acompaña a la clorofila y al caroteno. Presenta estructura biciclíca con un anillo β y uno ε (epsilon). Tiene 2 grupos OH en anillos hexagonales. Su estructura es semejante a la de la zeaxantina, salvo la posición de uno de los dos dobles enlaces del primer anillo de la estructura bicíclica.

Se emplea como aditivo colorante en los alimentos, según las normas de la Unión Europea con el nombre E161b, tiene también propiedades antioxidantes. Se obtiene por extracción de la flor de la caléndula.

Este pigmento solo es producido por las plantas, por lo que el hombre y los animales deben asimilarlo a través de la dieta alimentria.

2. Vitaminas del Complejo B.

Aunque su existencia en el aceite de aguacate es muy limitada dado el carácter generalmente hidrosoluble de estas vitaminas, sí existen en el aguacate en cantidades aproximadas de 3 mg/kg de fruto, dentro de ellas se ha identificado la tiamina (B1): 0,21 mg/kg; riboflavina: (B2): 0,07 mg/kg; niacina (B3): 2,37 mg/kg, la más abundante, y la B6: 0,31 mg/kg.

Tiamina (B1).

Fórmula global: $C_{12}H_{17}N_4OS+$

Tiamina

Masa molecular: 365 g/mol.
Temp. de fusión: 248C

Desde el punto de vista químico, esta molécula está formada por dos estructuras cíclicas enlazadas a través de un anillo de pirimidina con un grupo amino, y un anillo tiazol unido a la pirimidina por puente de metileno.

Este compuesto también es conocido como tiamina y forma parte de las conocidas vitaminas del complejo B, es soluble en agua y en glicerina, pero poco soluble en disolventes menos polares como el etanol. Por todo lo anterior, durante el proceso de producción del aceite de aguacate virgen, la mayor parte de la misma puede irse con la humedad, quedando en poca o mínima proporción en el aceite final.

La vitamina B1 es archiconocida por cuanto su carencia en el organismo provoca enfermedades como el beriberi, y el síndrome de Korsakoff.

La tiamina juega un rol fundamental en la oxidación de los carbohidratos, con la liberación de la energía necesaria para el funcionamiento del organismo. También tiene incidencia en el sistema nervioso

Riboflavina: (B2)

Fórmula global: $C_{17}H_{20}N_4O_6$

Riboflavina

M: 376,36 g/mol
Temp. de fusión: 280C

Se presenta como un sólido amarillo soluble en agua, y está constituida por un anillo de isoaloxazina dimetilado unido al ribitol con su cadena de 5 átomos de carbono. Al igual que la tiamina, juega un rol importante en el metabolismo energético de los carbohidratos y también en el de otras biomoléculas como lípidos y proteínas. Es sensible a la luz solar y al calentamiento. La falta de ésta en el organismo causa trastornos oculares, cutáneos y fatigas, entre otros.

Niacina (B3). Ácido piridin-carboxílico (ácido nicotínico).

Fórmula global: $C_6H_5NO_2$

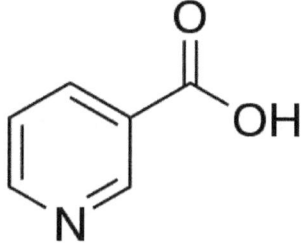

Niacina

M: 123,11 g/mol
Temp. de fusión: 237C
pKa: 4,87

A pesar de encontrase en pequeña cantidad en el aceite de aguacate es la más abundante de las vitaminas del complejo B encontradas en él mesocarpio de su fruto. Es soluble en agua y posee carácter ácido, como su nombre lo indica. También se le conoce como ácido nicotínico.

Dentro de la designación de B3 también se incluye la amida derivada del ácido nicotínico: nicotinamida ($C_6H_6N_2O$).

La niacina tiene importantes funciones en el metabolismo, como la eliminación de sustancias tóxicas nocivas para el organismo y participa en la síntesis de hormonas esteroideas por las glándulas suprarrenales. También interviene en el metabolismo celular integrada en las coenzimas **NAD y NADP**. Tiene participación en las reacciones de oxidación de carbohidratos, lípidos y proteínas. Incide, además, en el crecimiento, y en el funcionamiento del sistema nervioso, así como en el circulatorio.

Vitamina B5. Ácido pantoténico.

Fórmula global: $C_9H_{17}NO_5$.

Ácido Pantoténico

M:219,7 g/mol
Tf.: 183,8 C
D_{20C}:1,27 g/cm³

Sólido a temperatura ambiente, soluble en agua, por lo que su presencia en el aceite de aguacate es muy limitada.

El ácido pantoténico forma parte de la coenzima A

Estructuralmente, el ácido pantoténico es el ácido pantoico unido mediante un enlace peptídico a la alanina, por lo que viene a ser una amida. Es dextrógiro.

Al formar parte de la (**CoA**) resulta imprescindible en el metabolismo de las grasas, carbohidratos y proteínas. Por lo que su importancia es muy grande dada su relación con la (**CoA.**) Está disperso en muchos alimentos.

Vitamina B6

Es en realidad un grupo de tres sustancias químicas de estructura muy parecida: piridoxina, piridoxol y piridoxal

Piridoxina **Piridoxol** **Piridoxal**

La diferencia básica entre las tres estructuras se deriva de los grupos sustituyentes unidos al anillo piridínico: en la piridoxina derivados alcohólicos, en el piridoxol uno de ellos carbonílico y en el piridoxal uno de los grupos es amino.

Son compuestos hidrosolubles y los fosfatos de piridoxal y piridoxamina funcionan como coenzimas en diferentes reacciones enzimáticas relacionadas con el metabolismo de los aminoácidos, en el que se ocupan de la transferencia del grupo amino (transaminasas).

Su deficiencia es rara en el organismo, salvo que las personas presenten problemas nutricionales relacionados con una dieta deficiente, como ocurre generalmente en países pobres con bajo índice de desarrollo económico.

El fosfato de piridoxal sirve de coenzima en el metabolismo de neurotransmisores que regulan el estado anímico y en la síntesis de dopamina, adrenalina, etc., así, también el ácido γ-aminobutírico actúa como un neurotransmisor inhibitorio muy importante para el funcionamiento del cerebro.

La vitamina B6 es muy común en el mundo deportivo dado el incremento que puede ocasionar sobre el rendimiento muscular y la producción de energía, aspecto básico en estas actividades, dado que ésta favorece la liberación de glucógeno por el hígado.

Su deficiencia en el organismo, muy rara por cierto en la población de los países desarrollados que tienen una dieta normal, se manifiesta mediante anormalidades neurológicas: neuritis periférica, así como dolor en las extremidades. En los países subdesarrollados con limitaciones alimentarias se manifiesta con mayor frecuencia.

Vitamina B8 (Biotina).

Fórmula global: $C_{10}H_{16}N_2O_3S$

Biotina

Sólido a temperatura ambiente.

M: 244,31 g/mol
T. Fus. 232C

Es estable al calor y soluble en agua y en alcohol, lo que limita su presencia en el aceite de aguacate, pues la mayor parte se evacua en el proceso de extracción. Interviene en el metabolismo de los carbohidratos, las grasas y las proteínas (aminoácidos).

Una característica de esta vitamina es que es fácilmente oxidable, por lo que de hecho puede jugar el rol de agente reductor o antioxidante.

La molécula de biotina contiene un átomo de S en su estructura, que está formada por un anillo imidazolínico fusionado con un anillo tetrahidrotiofeno con el ácido pentanoico sustituyendo a un átomo de carbono.

En el tejido celular la biotina se encuentra unida a la célula mediante un resto de licina tomando el nombre de biocitina, que actúa como coenzima en numerosos procesos del organismo relacionados con la acepción y donación de CO_2 (carboxilasas y descarboxilasas)

Se considera que juega un rol importante en la duplicación y crecimiento celular, entre otras propiedades. Su falta o carencia en el organismo está relacionadas con diferentes afecciones dermatológicas, náuseas, fatiga, depresión etc.

3. Vitamina C. Ácido ascórbico

Fórmula global $C_6H_8O_6$

Vitamina C: Enantiomero L del ácido ascórbico.

Sólido blanco a temperatura ambiente.

M: 176,12 g/mol
D_{20C}: 1,65 g/cm^3
T. Fus.: 190C
T.eb.: 553 C

Actúa como antioxidante y reductor transfiriendo electrones a otras sustancias, tanto dentro como fuera de la célula, previene, al igual que la vitamina E, la oxidación lipídica. Esta vitamina, generalmente asociada a los frutos cítricos, es muy inestable ante los cambios de temperatura. por lo que solo se le relaciona con los aceites vegetales crudos.

Más que en los cítricos, donde se encuentra en mayor

proporción son el kiwi (500 mg/100g de fruta) y la guayaba (480mg/100g de fruta). La deficiencia en vitamina **C** (los humanos no la sintetizan en su organismo) es responsable del escorbuto, enfermedad que causó graves estragos en las tripulaciones de los navíos durante las largas travesías intercontinentales de la época de los grandes descubrimientos, con una dieta deficitaria en frutos frescos. El nombre de ácido ascórbico para esta vitamina está relacionado con el de esta enfermedad.

El ácido ascórbico es soluble en agua y otros compuestos polares, por lo que gran parte del mismo se perderá en el proceso de extracción del aceite de aguacate.

4. Fitoesteroles.

Estos compuestos se presentan en el fruto y el aceite de aguacate bajo la forma preferente de β-sitosterol, campesterol y estigmasterol, vienen a ser como los homólogos del colesterol en las plantas. El que más abunda en el aguacate es el β-sitosterol en más de una decena de veces que los demás. El contenido de esteroles totales es más alto en los aceites de aguacate vírgenes que en los refinados, por cuanto éstos se pierden durante el proceso tecnológico de refinación.

β-Sitosterol

Fórmula global: C$_{29}$H$_{50}$O

β-Sitosterol.

Sólido a temperatura ambiente

M: 414,71 g/mol.
D$_{20C}$: 0,97 g/cm^3
T. fus.: 136C
T. eb.: 410C

De estructura química similar al colesterol.

En las plantas sirve para proteger y estabilizar las membranas de las células.

Campesterol.

Fórmula global: (C$_{28}$H$_{48}$O)

Campesterol

Sólido blanco cristalino a temperatura ambiente.

M: 400,68 g/mol
D_{20C}: 0,98 g/cm^3
T. fus.: 157C
T. eb:. 489C

Es un derivado estereoideo con estructura molecular similar a la del colesterol, y a su vez el esterol más simple, con un grupo OH en la posición 3 de la estructura o esqueleto estereoideo, con enlaces sigma o saturados en el resto de la molécula, salvo un doble enlace en el segundo anillo. Posee actividad reductora sobre los índices de colesterol al limitar o competir con él en su absorción por el intestino delgado. Aunque se encuentra en cantidad menor en el aceite de aguacate, otros aceites vegetales también lo contienen, como el de soja, por ejemplo. Conjuntamente con él, el estigmasterol y el brassicasterol, se produce un fármaco complejo hipocolesterolémico. Por esta razón los fitoesteroles se emplean como aditivos alimentarios de algunos productos grasos como las margarinas y la mantequilla. Se le confiere, además, acción antiinflamatoria.

Estigmasterol.

Fórmula global $C_{29}H_{48}O$

Estigmasterol.

Estado sólido a temperatura ambiente.

M: 412,69 g/mol

Tf.: 165 C
Teb.: 470 C
D_{20C}: 0,953 g/cm³
T. inflamación: 204C

Como todos los esteroles, contiene un grupo OH. Es insoluble en agua y líquidos polares, pero soluble en aceites y solventes orgánicos de baja polaridad, como éter, cloroformo, acetona, entre otros Es un esterol insaturado y puede estar presente en aceites sin refinar de soja y colza, entre otros. Se encuentra en la leche sin pasteurizar, pero una vez ésta es sometida a calentamiento, éste se inactiva, por lo que no estará presente en el aceite de aguacate refinado. Es precursor de la vitamina D3 y puede emplearse para la síntesis de progesterona. Se le asocia con propiedades anticancerígenas y puede emular en el proceso de síntesis de colesterol limitando la formación de éste, por lo que puede mostrar un efecto hipocolesterolémico.

5. Tocoferoles. Vitamina E.

Los tocoferoles constituyen uno de los componentes básicos del aceite de aguacate virgen y le confieren a éste la mayor parte de sus propiedades antioxidantes. Sus cantidades varían en función de la variedad de fruto de la que se extrae el aceite virgen, pues en el refinado se pierde una parte sustancial de éste durante el proceso, lo que hace necesario que al final se le añadan las cantidades perdidas o necesarias para mantener su estabilidad. Esto no debe ocurrir en el aceite de aguacate virgen que contiene intactos los extraídos del fruto durante el proceso de extracción y que resultan suficientes para evitar su oxidación y deterioro durante un tiempo prolongado.

En el aceite de aguacate se han identificado los tocoferoles alfa, beta y gamma en mayor o menor proporción. Estas sustancias son muy importantes para el organismo pues merced al grupo OH presente en el anillo aromático pueden capturar radicales libres y disminuir la cinética de oxidación celular. El isómero alfa es conocido como vitamina E y juega un importante rol en este aceite y es el que se presenta en mayor proporción. A continuación estudiamos algunos de ellos.

Vitamina E (α-tocoferol):

Es un antioxidante lipídico de gran eficiencia para capturar oxígeno, limitando la formación de peróxidos en el metabolismo celular de los lípidos asociado con moléculas de ácidos grasos insaturados.

Químicamente, éste y otros compuestos de esta familia, son poliprenoides caracterizados por la presencia de un anillo aromático con un grupo hidrófilo y una cadena poliprenoide. Si la cadena es saturada corresponde a los tocoferoles, si es insaturada a los tocotrienoles.

α-tocoferol

El α-tocoferol se presenta como un sólido blanco de masa molecular 430,7 g/mol y densidad 0,95 g/cm³, poco soluble en agua, pero sí en aceites y otros líquidos de baja polaridad.

En su mecanismo de acción, el α-tocoferol actúa evitando la oxidación de los ácidos grasos y por consiguiente la formación de peróxidos. De los tocoferoles es el más activo como agente oxidante.

Gamma Tocoferol

γ-tocoferol.

Es una de las formas de la vitamina **E**. Se presenta comúnmente como un líquido aceitoso de color amarillo pálido. Su masa molecular es 416,7 g/mol y su solubilidad en agua y líquidos polares es muy baja, pero se disuelve bien en solventes orgánicos menos polares, como el etanol, la acetona y los aceites vegetales.

Por ser relativamente poco soluble en agua, pero sí en líquidos de baja polaridad como los lípidos, es muy útil para ralentizar la degradación oxidativa de las grasas y así evitar que éstas se pongan rancias. Es un antioxidante eficaz en el aceite de aguacate y en otras grasas de origen vegetal y animal.

δ-tocoferol.

Se presenta como un líquido aceitoso con cierta viscosidad, de tonalidad ligeramente amarilla, de masa molecular (**M**) 402,7 g/mol, poco soluble en agua, pero sí en líquidos menos polares como los aceites vegetales. Constituye una de las formas en que se presenta la vitamina **E**.

Ejerce una fuerte acción antioxidante en el aceite de aguacate, aunque su actividad como antioxidante es ligeramente menor que sus isómeros.

Los extractos naturales y sintéticos de los tocoferoles son empleados como antioxidantes de acuerdo con las normativas de la Unión Europea con los nombres:

E306: extracto rico en tocoferol.

E307: α-tocoferol sintético.

E308: γ-tocoferol sintético

E309: δ-tocoferol sintético

6. Vitamina K. Filoquinona.

Fórmula global: ($C_{31}H_{46}O_2$)

Vitamina K

Estado líquido a temperatura ambiente.

M: 450,70
D_{20C}: 0,97 g/cm³
T.fus.: -20 C
T. eb. 142 C

La vitamina K, también conocida como filoquinona, es una sustancia con propiedades coagulantes o antihemorraícas de amplio uso en el sector de la salud para prevenir casos en que concurra algún peligro de hemorragia durante una intervención quirúrgica, sea ésta de mayor o menor magnitud. Es una sustancia liposoluble que se encuentra tanto en el fruto como el aceite del aguacate. De acuerdo con su estructura es un compuesto derivado de la 2-metilnaftoquinona.

Todas las formas de vitamina K comparten un anillo metilado de naftoquinona en su estructura molecular, la cual puede variar de acuerdo a sus sustituyentes alifáticos en la posición 3 de la cadena. La filoquinona, variante natural de la vitamina K, contiene cuatro residuos isoprenoides en su cadena lateral, de los cuales uno presenta insaturación

La vitamina K se encuentra en el aceite de aguacate en menor proporción que la vitamina E, pero juega un rol importante dentro de las propiedades de este aceite. Es soluble en lípidos, pero no en agua, por lo que permanece en el aceite una vez extraído el jugo del mesocarpio de éste y separada la humedad.

También es conocida la acción de la vitamina K en la generación de glóbulos rojos.

7. Compuestos Fenólicos.

Estos importantes compuestos de elevada acción antioxidante difieren un tanto de los estudiados hasta ahora por su mayor polaridad, y su contenido en el aceite depende de diferentes factores, incluyendo el grado de madurez del fruto sometido a extracción, y un sinnúmero más de elementos, incluyendo los climáticos. En el proceso de refinación se pierden gran cantidad de éstos valiosos compuestos, por lo que su presencia en el aceite de aguacate virgen es uno de los aspectos que le da valor e importancia a este producto.

Los polifenoles se encuentran en cantidades apreciables en el aceite de aguacate y son de los que más aportan a la estabilidad antioxidativa de éste, también son en gran medida responsables de su sabor. Se relaciona la estabilidad de los aceites ante la oxidación con la concentración de polifenoles presentes.

Los polifenoles que se encuentran en el aceite de aguacate varían su contenido en función del tipo de fruto, su estado de madurez, las condiciones de cultivo, y de sus características propias y forma de almacenamiento y conservación.

Los polifenoles son ligeramente ácidos e hidrosolubles, se encuentran por esto en mayor proporción en el aceite de aguacate virgen que en el refinado, por lo que no deben estar presentes en los aceites de aguacate procesados. Estos polifenoles se hallan contenidos no solo en el mesocarpio del aguacate, sino también en las semillas y pasan a éste en procesos de producción en los que se muele la fruta completa para hacer más económico el proceso de extracción del aceite. En general, la concentración de compuestos polifenólicos puede ser una medida de la calidad del aceite de aguacate.

Los compuestos fenólicos que se encuentran en mayor medida en el fruto del aguacate son los ácidos: cinámico, 4-hidroxibenzoico (parahidroxibenzoico), 2,3-dihidroxibenzoico, vanílico e isovanílico, 3,5-dixidroxibenzoico, orto, meta y paracuméricos, etc., así como otros de mayor o menor complejidad, sobre todo en la semilla

La estabilidad de los aceites y algunos aspectos organolépticos responden a estos compuestos, son muy antioxidantes. Los compuestos fenólicos derivan de formas moleculares más simples como: el fenol, el pirocatecol y el pirogalol:

Fenol   **Pirocatecol**   **Pirogalol**

Ejemplificaremos dos de estos compuestos fenólicos: los ácidos: cinámico y parahidroxibenzoico.

Ácido Cinámico

Fórmula global: $C_9H_6O_2$

Ácido Cinámico

Sólido blanco cristalino, poco soluble en agua.

M: 148,16 g/mol
D_{20C}: 1,247 g/cm^3
T, Fus. 133 C
T. eb.: 300 C
pKa: 4,44.

Se obtiene de la canela y se emplea en perfumería, es antioxidante y aditivo alimentario como aromatizante.

Ácido 4-hidroxibenzoico (parahidroxibenzoico).

Fórmula global: $C_7H_6O_3$

Ácido parahidroxibenzoico

Sólido cristalino blanco, ligeramente soluble en agua.

M: 138,12 g/mol
Tf. 214C
D_{20C}: 1,46 g/cm³

Se emplea en la fabricación de parabens de uso antifúgico y bactericida para la conservación de alimentos.

Dentro de las flavonas se han identificado: la naringenina, epicatequina y catequina, entre otras.

Naringenina

Fórmula global: $C_{15}H_{12}O_5$

Naringenina

Sólido cristalino amarillento a temperatura ambiente.

M: 272,26 g/mol
T, Fus.: 250C

Es una flavona antioxidante, se le considera también un antinflamatorio y dada la cantidad de grupos OH en su estructura, es un receptor de radicales libres. Se encuentra en cantidad significativa en los pomelos.

Catequina

Fórmula global: $C_{15}H_{14}O_6$

Catequina

M:290,26 g/mol
Tf. 175C

Pertenece al grupo de los flavonoides, es un fuerte agente antioxidante y receptor de radicales libres, posee en su estructura un número muy alto de grupos OH, algunos activados, la epicatequina del cacao es un isómero de este compuesto con propiedades similares.

IV. TECNOLOGÍA PARA LA OBTENCIÓN DE ACEITE DE AGUACATE.

Siempre que en la obtención de un aceite vegetal aparezcan varias formas comerciales del mismo, se establecen diferentes métodos o vías para obtener cada una de las variantes, y el aceite de aguacate, pese a que no tenga un amplio historial mercantil, sí muestra estas particularidades.

De hecho, podemos encontrar tres formas básicas de aceite de aguacate, aunque dos de ellas son las que al parecen muestran valor comercial y con más frecuencia aparecen. El primer caso es el aceite de aguacate virgen obtenido directamente de la pulpa del fruto, desechando los demás componentes, el segundo es el aceite crudo virgen obtenido a partir de todo el cuerpo del fruto, incluyendo la semilla y la cubierta, y el tercero el de la variante refinada, como en los demás aceites de semillas, es llamado aceite de aguacate **RBDW** (refinado, blanqueado, deodorizado y winterizado)

Esta claro que desde el punto de vista de su composición, sobre todo el de los componentes secundarios, deben mostrarse diferencias entre ellos, máxime que se complica la situación por cuanto no existe una cultura tecnológica al respecto como la de los aceites de oliva apoyadas en miles de años de producción, pero sobre todo, de normas estrictas sobre sus diferentes parámetros, tampoco hemos oído hablar de paneles de cata para valorar la calidad de un aceite de aguacate virgen o no.

Por otra parte, no se aprecia una definición clara y precisa para los aceites de aguacate virgen, pudiéndose incorporar al final del proceso oxidantes u otras sustancias relacionadas para estabilizar el producto, cosa no permitida por normas en los aceites de oliva virgen, además, los estudios de durabilidad y estabilidad de éstos aún son poco confiables, a más de que aún no existe una verdadera cultura del empleo de los mismos, salvo en algunos países de América como México, ecuador y

Colombia, entre otros, así como en Oceanía, sobre todo Nueva Zelanda, donde según la literatura consultada se han realizado los estudios más profundos de este producto.

Tanto México como otros países suramericanos han elaborado algunas normas para el aceite de aguacate y recientemente a esto se sumó una norma empresarial conjunta entre Estados Unidos y México en la que se aúnan algunos criterios. El conocimiento del aceite de aguacate con fines comestibles en Europa es prácticamente nulo, dada las condiciones geográficas propias de este continente, generalmente con climas templados, y los que poseen zonas con regiones subtropicales como España, Italia, Grecia, entre otros, están suficientemente preocupados y comprometidos con el aceite de oliva, como para ocuparse de este "*impostor*" venido de allende los mares de América.

Es verdad que con el cultivo de variedades como el Hass, fácilmente adaptable a los climas subtropicales, algunas zonas sobre todo de España (Canarias y algunas regiones de Andalucía) se han convertido en productores de Aguacate merced a la alta demanda de este fruto en las mesas y en la elaboración de aliños (guacamoles), etc. así como en sus bien merecidas propiedades nutritivas, pero lo del aceite queda como otro asunto y solo alguna pequeña empresa lo produce en escasa medida y bajo demanda.

No hay que olvidar que el aguacate es en esencia un árbol tropical y en eso de las condiciones climáticas es muy celoso y no permite nada que se parezca a heladas o temperaturas muy bajas, tampoco a la falta de agua y humedad, así como a la escasez de luz.

Valoradas estas situaciones comenzaremos a detallar los elementos tecnológicos típicos de la producción del aceite de aguacate de acuerdo a la información de que disponemos.

1. Aceite de Aguacate Crudo (virgen).

Es la variante tecnológica que se ajusta con más facilidad a la elaboración industrial con fines a la comercialización, sin necesidad de mayores capitales como sucedería en la refinación, y permite, como en el caso del de oliva, el que pueda llevarse a cabo en cualquier tipo de empresa (pequeña, mediana y gran empresa). No emplea gran equipamiento, ni productos químicos, ni tampoco altas temperaturas, sobre todo el que ocurre por termobatido mediante el sistema y equipos tricanter a temperaturas moderadas.

El proceso comienza con la selección de la variedad de aguacate entre las muchas existentes, porque no hay que olvidar que la concentración de un aceite en el fruto varía mucho de una especie a otra, por lo que partiremos de la Hass, que presenta, entre las estudiadas, una alta relación contenido de aceite/ peso del fruto, o lo que es lo mismo, se puede obtener la mayor cantidad de aceite con la menor cantidad de fruto, y evacuando la menor cantidad de residuales, además de que en el proceso se puede manejar una menor cantidad de materia prima, lo que redunda en menores gastos y hace el proceso menos costoso y dinámico.

Con respecto a la variedad *Hass,* y en detrimento de la *Fuerte* que presenta una alta proporción de aceite, generalmente en ocasiones mayor que la primera, hay que tener en cuenta que ésta no permite su cultivo durante todo el año, con las desventajas comerciales que esto conlleva, y por otra parte no alcanza la estabilidad del fruto en los árboles, que la anterior, donde éste alcanzado su estado de madurez inicial, puede permanecer meses unido al árbol progenitor, sin desprenderse, ni deteriorarse.

Una vez seleccionado el tipo de aguacate comienza el proceso de recolección que es manual y a veces, dado el tamaño que hayan alcanzado los árboles se hace necesario servirse de largas varas con canastas, o por equipos mecánicos con grúas alzadoras como tractores y camiones (Nueva Zelanda y algunas regiones de México), para no dañar una fruta conocida por su gran sensibilidad a los golpes, por lo que si poco mecanizable es la recolección de las aceitunas en el proceso de producción del aceite de oliva, aquí es mucho menor, aunque se tiene la ventaja de manejar frutos de tamaño apreciable. En este proceso marcharán a la fábrica no solo los aguacates maduros, sino también los verdes (sazones) que sufrirán un proceso de selección posterior y serán separados y almacenados hasta que hayan alcanzado la madurez necesaria para ser procesados.

Es recomendable evitar procesar aguacates verdes, porque a más de que aún no contienen las cantidades de aceite óptima, la calidad del aceite es muy inferior por su menor contenido de ácidos grasos monoinsaturados básicos, como el oleico. El fruto del aguacate es muy controvertido en este sentido, e incluso la concentración lipídica no se comporta de modo homogéneo en todo el fruto, de manera que en la zona cercana a la cubierta es mucho mayor que la de la pulpa pegada a la semilla, pero esto no se puede tener en cuenta en los procesos tecnológicos, y ni pensar en las dificultades que podría llegar a atenernos a este preciosismo.

Ya en la fábrica, y una vez separada las frutas de materias extrañas si las hubiese, éstas son lavadas, secadas e introducidas completas (mesocarpio, semilla y cubierta) en molinos de tipo martillo, que se ocupan de realizar la molienda y de donde sale una pulpa o masa heterogénea, que después pasa a unas máquinas conocidas como termobatidoras, que se ocupa de calentar y batir la masa a temperaturas próximas a los 80 C durante alrededor de una hora. Esto, además de homogeneizar la mezcla y facilitar la extracción del aceite de las células vegetales, sirve para eliminar bacterias patógenas. En este proceso se adiciona agua caliente en cantidad moderada, por cuanto la propia pulpa de aguacate contiene mucha humedad.

En el paso siguiente: la centrifugación, la pulpa se divide en tres fases perfectiblemente diferenciables y a la vez separables (tricanter):

La primera fase o principal contiene el aceite de aguacate con cierta cantidad aún de partículas en suspensión. Éste se pasa por un filtro vibratorio y se transfiere a depósitos de contención o reposo para continuar el proceso.

La segunda fase contiene el agua residual acompañada de desechos de la pulpa, que se evacuan de la fábrica después de pasar por el tratamiento de residuales.

La tercera fase, o sólida, contiene los remanentes sólidos separados por centrifugación en forma de lodos, y se evacua mediante transportadores fuera de la fábrica, constituyendo el segundo tipo de residuos, o especiales como algunos le nombran.

El que se trate de realizar un segundo proceso de extracción de los residuos anteriores, o se empleen solventes como en los procesos de obtención de otros aceites vegetales responderá a criterios tecnológicos, o de costo, de las fábricas en cuestión.

Con el líquido o producto principal de la fase 1 constituido por aceite con partículas en suspensión, se realiza una centrifugación fina para separar el material en suspensión, que algunos le llaman proceso de pulido del aceite de aguacate.

Del proceso de centrifugación fina se obtiene un aceite parcialmente limpio y se desecha el agua residual y los lodos remanentes constitutivos de las impurezas que contenía el aceite en suspensión.

El aceite, por último, pasa al proceso de prensado mediante filtros especiales con tamices de pequeño diámetro y de ahí sale el aceite crudo final, libre de impurezas, pero acompañado de fracciones secundarias, que pueden dar un valor agregado al aceite de aguacate: esteroles, carotenoides, polifenoles, vitaminas y minerales, entre otros. El producto final es de color verde ambarino, que así se comercia, o se envía al proceso de refinación.

Es recomendable someter este aceite a radiaciones ultravioletas para eliminar posibles microorganismos latentes

2. **Aceite de Aguacate refinado (RBDW)**

Este proceso, como en los empleados para obtener aceites refinados de semilla, puede realizarse mediante métodos físicos o químicos, pero en esencia nos referiremos a la vía química que es la que más se emplea y que consta de las siguientes etapas básicas:

-Neutralización
-Lavado
-Secado
-Blanqueo
-Deodorización

Como es de suponer se parte del aceite de vegetal crudo de aguacate según se describió su proceso de obtención en la etapa anterior. Los pasos a seguir son los siguientes:

1. **Pretratamiento** del aceite a temperatura ambiente con disolución de ácido fosfórico para eliminar las gomas (fosfolípidos).

2. **Saponificación** con disolución de hidróxido de sodio NaOH para formar sales de los ácidos grasos libres y separarlos del aceite como jabones por centrifugación. Una vez separado y evacuado el jabón formado, el aceite, si se comprueba que ha habido una eliminación adecuada pasa al siguiente paso, de lo contrario se repite el proceso.

3. **Lavado** del aceite con agua caliente a temperatura cercana a los 90C, para eliminar los posibles restos de jabón o de NaOH sin reaccionar

5. **Secado** del aceite al vacío pare eliminar el agua remanente del lavado.

6. Etapa de **blanqueo** del aceite tratándolo a temperaturas ligeramente superiores a los 100C al vacío y mediante agitación con materiales adsorbentes adecuados con lo que se absorbe el color y otros materiales, o impurezas de estructura semejante. Los adsorbentes adecuados pueden ser sílice y arcillas. El tratamiento a estas temperaturas puede durar cerca de medio hora, después se enfría el aceite a presión normal hasta una temperatura próxima a los 70C para continuar a la siguiente etapa.

7. **Filtrado** de la mezcla de aceites y adsorbentes en un proceso con recirculación de donde sale el aceite libre para continuar con la siguiente etapa del proceso.

8. **Winterización** que se lleva a cabo para eliminar las ceras: ácidos grasos, ésteres y alcoholes de elevada masa molecular. Para llevar a cabo este proceso, la temperatura de los aceites se baja hasta valores menores de 10C, en los que se mantiene alrededor de 15 h.

9. **Filtrado** a través de prensas con tamices de pequeño diámetro, o el adecuado para eliminar las ceras precipitadas durante la winterización.

10. **Deodorización** para eliminar los compuestos de baja masa molecular: ésteres, aldehídos, cetonas, etc. cuyos sabores y olores afectan la calidad del producto. Este es el proceso donde se realizan los calentamientos más drásticos. Se realiza mediante arrastre por vapor al vacío. Se emplean temperaturas sobre los 200C a presiones de unos pocos mm de Hg. El proceso se lleva a cabo durante unas 4 horas, posteriormente se enfría por agua, luego se filtra. De este paso sale el aceite refinado **RBDW** (refinado, blanqueado, deodorizado y wintwerizado)

Aunque en el proceso de refinación del aceite de aguacate éste no se somete a drásticos cambios de los parámetros físicos y no se emplean solventes orgánicos como el n-hexano, es de suponer que durante el tiempo que el aceite se somete a temperaturas sobre los 200C se puedan formar ácidos grasos *trans*, aunque no en igual medida e intensidad que en el aceite de colza o soja, por ejemplo.

Durante todo el proceso de refinación es preciso realizar análisis de control de los materiales o sustancias que puedan afectar la calidad del aceite con el objeto de que el proceso tecnológico se ejecute de forma óptima.

Es necesario destacar que esta es una descripción general de los procesos tecnológicos esenciales para producir aceite de aguacate refinado, pero que en la práctica éste puede contar con diversas variantes en función de la complejidad de la fábrica, su equipamiento y otros factores propios de cada industria.

En general el proceso de refinado es semejante al de otros aceites vegetales, lo que partiendo del fruto del aguacate, y en el caso descrito, sin el empleo de disolventes orgánicos.

Aceite de Aguacate virgen a partir del mesocarpio del fruto.

Es el aceite de aguacate de más calidad, y generalmente se produce por demanda o para el sector de la cosmética, resulta también el más laborioso y artesanal, pues con anterioridad al proceso industrial, y después de seleccionar los frutos maduros y limpiarlos de materias extrañas, es necesario separar la cáscara y la semilla de la masa blanda o mesocarpio, lo que puede efectuarse por vía manual o mecánica después de ser machacados los frutos en el molino.

Las etapas y el equipamiento para este tipo de producción pueden ser muy simples, y en esencia puede llevarse a cabo en iguales o menos etapas que el de obtención del aceite de aguacate crudo, por cuanto el material que entra en el proceso es solo la pulpa del fruto libre de la cáscara y la semilla.

No es necesario destacar que la calidad de este aceite es óptima, por cuanto la composición de ácidos grasos del mesocarpio del fruto no se ve alterada por los aceites de la semilla, en que prevalecen elevados contenidos de ácidos grasos poliinsaturados, como el linoleico, por lo que su contenido en ácidos grasos monoinsaturados debe ser menor.

Asimismo, los contenidos de compuestos secundarios o insaponificables varían de un tipo de aceite a otro. En esencia, este es el método que se emplea en los estudios de investigación y laboratorio, y por el momento no presenta el mayor interés comercial dado su bajo rebndimeinto y la elevación de costos de mano de obra dedicados a separar el mesocarpio del resto de la fruta, o el empleo de molinos que separen la semilla y la cubierta del mesocarpio.

La industria del aceite del aguacate en general, precisa de estudios sobre el empleo de los materiales remanentes, o residuos de las fábricas, aunque éstos no alcanzan las dimensiones de otras industrias aceiteras como las de palma, coco, etc.

Los parámetros para determinar la calidad de los aceites de aguacate se centran básicamente en los indicados por ensayos químicos, y no se reportan estudios o la creación de paneles de cata para realizar mediciones sensoriales u organolépticas, por lo que a la industria de los aceites de aguacate le resta un cierto camino por recorrer para poder emular con el tradicional aceite de oliva, y permitir así, realizar verdaderas comparaciones entre ambos.

Una vez superados estos escollos restan aún los aspectos subjetivos relacionados con las costumbres y gustos de los consumidores para asimilar este tipo de nutriente, aunque su principal aliado se encuentra en la positiva aceptación que está teniendo el aguacate como alimento en un sector de la población que hasta hace muy poco no conocía, o estaba ajeno a su consumo, como por ejemplo, el europeo. Pero a la vez que el fruto del aguacate es un aliado de este aceite, es también su enemigo o emulador principal, por cuanto la demanda de éste es tal que los remanentes para la producción de aceite están limitados, y el que se obtiene prácticamente es asimilado por el sector de la industria cosmética.

Pero como conclusión de lo anterior no hay que olvidar que donde hay demanda hay producción, y una vez que el aceite de aguacate alcance un pequeño sitio en el consumo de los aceites vegetales con fines alimentarios, se da por descontado que la producción de éste se elevará notablemente y ojala no sea ampliando superficies boscosas del pulmón del planeta en los continentes con grandes regiones tropicales como América del Sur y Centroamérica, Asia y África, como ha ocurrido con otros aceites, como el de palma, por ejemplo.

4. Normas para el aceite de Aguacate.

De acuerdo con las normas mexicanas para aceites y grasas: (NMX-F-052-SCFI-2008), se define el aceite crudo de aguacate como "un líquido graso de color ligeramente ámbar, obtenido por extracción física de la pulpa y la semilla del fruto del árbol del aguacate (*Persea americana*)". Éste debe ser transparente y tener el sabor y el olor característico del producto, así como mostrar las siguientes propiedades fisicoquímicas*:

Ácidos grasos libres (como ácido oleico), en %: < 1,5
Humedad y materia volátil, en %: < 0,5
Densidad relativa 25C (agua): 0,910- 0,920
Índice de peróxidos, en meq. /kg: < 10,0
Impurezas insolubles (%): < 0,2
Materia insaponificable (%): 1,0 - 1,5
Índice de refracción (40C) nD: 1,458 - 1,465
Índice de yodo cgI2/g: 85 - 90
Índice de saponificación mg KOH/g: 177 - 198
Aceite mineral: Negativo

En cuanto a su perfil lipídico en lo referente a los ácidos grasos básicos que lo caracterizan, su concentración debe ajustarse a los siguientes intervalos porcentuales: *

Acido palmítico C16:0 --------- 9 -18
Acido palmitoléico C16:1 ------ 3 - 9

Acido esteárico C18:0 ---------- 0,4 - 1,0
Acido oleico C18:1 ------------ 56 - 74
Acido linoleico C18:2 --------- 10 - 17
Acido linolénico C18:3 -------- 0 - 2

En lo concerniente al contenido de esteroles estos deben mantenerse entre los siguientes límites en mg/kg de aceite*:

Colesterol: 0 - 0,2
Brasicasterol: < 2
Campesterol: 6 - 8
Estigmasterol: 0 - 2
β-Sitosterol: 89 - 92
Δ5-Avenasterol: 0 - 3
Δ7-Avenasterol: 0 - 0,2
Esteroles Totales: 4 040

Para la vitamina E y el γ el tocoferol los indicadores deben corresponderse con*:.

α-Tocoferol: 64 – 100 mg/kg
γ-Tocoferol: 0 - 19 mg/kg

Tocoferoles totales: 83 – 100 mg/kg.

* Fuente: Firestone, David (1999). *Physical and Chemical Characteristics of Oils, Fats and Waxes.* AOCS Press, 1999.

A diferencia del aceite de oliva virgen, para el aceite de aguacate se permite la adición de los siguientes antioxidantes, hasta completar un % máximo, según lo indicado a continuación:

-Tocoferoles: 0,03
-Galato de propilo (GP): 0,01
-Terbutil hidroquinona (TBHQ): 0,02
-Butirato de hidroxianisol (BHA) 0,01
-Butirato de hidroxitolueno (BHT) 0,02
-Combinación de GP, TBHQ, BHA y BHT: 0,02

-Palmitato de ascorbilo: 0,02

En resumen, la tecnología para la obtención de aceite de aguacate en sus diversas formas, no difiere en mucho con la de los demás aceites vegetales, puede incluso que resulte un proceso menos drástico, no obstante, son procesos tecnológicos iniciales que se encuentran en desarrollo.

En cuanto a las normas se precisa, como se ha hecho en parte con el aceite de oliva, definir aún más los patrones de calidad, sobre todo en lo que respecta al aceite de aguacate virgen.

V. USOS Y APLICACIONES DEL AGUACATE Y SU ACEITE.

A pesar de que la extracción de aceite de aguacate se encuentra en un estadío tecnológico temprano de evolución, y su comercialización no ha alcanzado la globalidad de otros tipos de aceites vegetales, sus aplicaciones en diferentes sectores de la alimentación, la industria y la salud, marchan de forma acelerada. Por eso es que entraremos a valorar los usos de este producto en importantes esferas como la alimentaria, la industria cosmética y la salud.

1. Alimentación.

El aceite de aguacate arriba al sector alimentario acompañado de dos buenos precedentes, el primero dado por su estrecha relación con el fruto del que proviene, de atributos nutritivos incuestionables, y el segundo por su composición química muy parecida a la del aceite de oliva, incluso hasta en las fracciones secundarias, como hemos podido valorar en capítulos anteriores.

Con respecto a la primera de las proposiciones, el fruto del aguacate se encuentra en un momento álgido de consumo atendiendo a un numeroso grupo de factores, entre los que se encuentran: su composición en nutrientes necesarios y beneficiosos para la salud y la alimentación, su agradable aspecto y sabor, sus altos rendimientos productivos y facilidad de cultivo en zonas del planeta ajenas a competidores agresivos como otras oleaginosas típicas por lo que cuenta con un mercado apacible, estable y garantizado, también es de tener en cuenta los avances en cuanto a la exportación e importación de alimentos estimulados por la globalización, y la existencia de variedades de aguacate ciclos de producción permanente, con producciones estables, y que posibilitan su almacenamiento y manejo durante la exportación a lejanas zonas o continentes.

En estas zonas alejadas de las regiones de cultivo, el aguacate goza de una alta demanda y justo prestigio, dadas sus bondades nutricionales y su agradable gusto y sabor, que han hecho que alcancen elevados precios en los mercados. Por otra parte, el crecimiento de la demanda ha sido tal que aún los niveles de producción no alcanzan a compensarlo, porque no han marchado al mismo ritmo. Esta es la razón que de día en día el fruto se sobredimensione en la dieta y comience a formar parte cotidiana de los menús de restaurantes y de las propias cocinas familiares.

En algún momento habrá que valorar de forma más profunda este fenómeno comercial y la repercusión que esta teniendo en sectores económicos estratégicos de muchos países, sin que esperemos ocurra algo similar que con la palma africana, que en un abrir y cerrar de ojos se convirtió en la planta aceitera por excelencia, lo que conllevó a la sobreexplotación forestal, el derribo y destrucción de bosques, el acelerar el peligro de extinción de valiosas especies, incluso la del propio ser humano, al obligar a cambios de hábitos productivos de grupos y colectivos de personas y su éxodo a las ciudades, con los males que esto acarrea; aunque esto no ha ocurrido solo con la palma aceitera, pues con menor intensidad, pero siguiendo patrones semejantes, ha ocurrido y sigue ocurriendo con la soja, el maíz, y otras plantas, algunas de ellas ubicadas, incluso, en países desarrollados.

Por suerte para los grandes productores de aguacate, como México, el deterioro de la industria azucarera, en algunos lugares también cafetalera, la intensificación de la explotación ganadera, entre otros factores, ha dejado huecos para que el sector aguacatero pueda desarrollarse con total normalidad, aunque esto se prevé que no será siempre así, y tarde o temprano se pueda caer en las mismas malas prácticas que han acompañado a otros cultivos de plantas oleaginosas en la demanda de altas superficies de cultivo.

Pero centrándonos en el problema, y desde el punto de vista alimentario, el aguacate esta superando todas las barreras y por ejemplo, su pasta fácilmente extraíble, se emplea en la manufacturación del famoso *guacamole* que pasó a ser de una simple salsa casera a un producto industrial de estabilidad aceptable, al menos en los posibles límites comerciales.

Actualmente, y atendiendo a que este fruto es rico en ácidos grasos monoinsaturadas, se realizan estudios para la sustitución de grasas animales por pasta de aguacate acompañada de inhibidores, que garanticen su estabilidad, en la producción de determinados productos como las salchichas y otros artículos relacionados, también se estudia la elaboración de margarinas, aunque todo esto se encuentra en estado embrionario.

No se pretende, por supuesto, que el aceite de aguacate sustituya al de la palma africana en el sector alimentario, pues su aspecto positivo relacionado con su composición rica en ácidos grasos insaturados como el oleico no se lo permitiría, por su mayor rapidez oxidativa, y no le darían, por esto, la estabilidad y el acabado necesario a muchos productos alimentarios, lo que ha permitido que los grandes sectores de la industria alimentaria, y especialmente de las confituras, de las comidas semielaboradas, fritas y prefritas, entre otras, echen pie en tierra en la defensa del aceite de las palmeras, pese a que se vean obligados a reconocer públicamente, o en privado, que es un producto que puede resultar dañino para la salud dada su elevada concentración de ácidos grasos saturados como el palmítico

Como fruto acompañante de las comidas, el aguacate en estos momentos no tiene competidores, incluso puede sustituir productos típicos como viandas y vegetales cocinados, pues al ingerirse de forma natural mantiene intactos sus beneficiosas propiedades relacionadas con su contenido de lípidos insaturados, vitaminas y antioxidantes, fitoesteroles, carotenos, xantofilas, polifenoles, flavonas, y otros ingredientes bioactivos necesarios para el metabolismo humano y para evitar el daño oxidativo de las células.

El aguacate como tal se puede consumir hasta solo o con pan, por sus contenidos en proteínas y carbohidratos, es entre los frutos uno de los de menor contenido de humedad, pero la cocina moderna no se conforma solo con esto y día tras días surgen nuevos platos especiales, como aguacates rellenos con mariscos, o con carnes, entre una variedad interminable, por lo que está pasando de guarnición a plato principal. Son conocidas sus sopas, y ensaladas con variados vegetales con los que comparte compañía de forma aceptable.

Aunque aún se emplea poco en Europa y otros países, sus hojas pueden también actuar como condimentos, sobre todo en las barbacoas, según costumbres de Centroamérica.

¿Pero qué pasa con el aceite de aguacate? La respuesta es muy sencilla, en los países productores emula con el aceite de oliva, producto principal de la dieta mediterránea, y como sus propiedades organolépticas no afectan la calidad del producto virgen, y el precio es mucho menor, cada día la población autóctona entiende concienzudamente que no tiene sentido desbalancear las cuentas domésticas para acceder a una dieta mediterránea a base de aceite de oliva, sí con el aceite de aguacate virgen se puede lograr lo mismo con beneficios personales y para el país.

En Europa, y otras regiones del planeta, en este sentido no se puede pensar lo mismo, pues el aceite de aguacate con fines alimentarios es varias veces superior en precio al del aceite de oliva, por cuanto es un producto de importación desde lejanas tierras, y con industrias muchas de ellas en un estado de producción cercano al artesanal, y sobre todo, con volúmenes de producción limitados y la mayor parte de los mismos va destinado hacia la industria de los cosméticos.

Sin embargo, de mantenerse la demanda y el ritmo de producción creciente del aceite de aguacate, tarde o temprano se puede generalizar su uso alimentario y alcanzar los valores apropiados para el consumidor, porque es el homólogo, la fotocopia perfecta del considerado hasta ahora el mejor de los aceites vegetales: *El aceite de oliva.*

2. Cosmética.

Una gran parte del aceite de aguacate exportable esta destinado actualmente hacia la industria de los cosméticos, lo que viene a estar justificado por una serie de razones, además de su propia composición lipídica rica en ácidos grasos insaturados.

Más que todo, el éxito del aceite de aguacate viene dado porque en su composición posee compuestos, sobre todo en sus fracciones secundarias o no saponificables, de alto poder antioxidante, que ayuda a prevenir el envejecimiento de la piel por radicales libres oxidantes, lo que se facilita por su gran capacidad de absorción sobre la piel. Contiene, como hemos estudiado, vitaminas del tipo A, D, E y K, donde sobresalen los tocoferoles (vitamina E), carotenos, precursores de la vitamina A, fitoesteroles, xantinas, polifenoles y todo un grupo de compuestos que le confieren acciones nutritivas dermoprotectoras así como su capacidad para suavizar la piel.

El aceite de aguacate en su conjunto, resulta un poderoso antioxidante que ayuda a prevenir el envejecimiento de la piel, humectándola y posibilitando la acción de sus valioso componentes. Su gran capacidad de absorción y contenido de vitaminas (A, D, E y K) le confieren propiedades nutritivas, suavizantes, dermatoprotectoras, reparadoras y emolientes. Se considera más apropiado para pieles muy secas y/o sensibles.

En todo ello tiene que ver las propiedades emolientes del aceite de aguacate, su acción humectante (antideshidratante), anticicatrizante, y antinflamatoria, según algunas culturas de Suramérica, que lo emplean para la cura de heridas. También actúa suavizando el cabello y posee un sinnúmero de propiedades más, que hacen que con él se elaboren todo un amplio surtido de productos cosméticos, entre los que se encuentran:

-Cremas para la piel
-Aceites corporales de diferentes tipos: nutritivos, hidratantes,

protectores de la piel,   antiarrugas, etc.

-Mascarillas faciales

-Lociones anticaspa y acondicionadores para el cabello, entre otros.

-Geles, jabones y shampoo.

-Lápiz y protector labial.

Todo lo anterior en una larga lista que se incrementa de día en día, pues con frecuencia surgen nuevos prototipos de productos a base de aceite de aguacate, en una industria altamente rentable.

Es necesario alertar, como en todo lo relacionado con la cosmética, que no existen milagros, ni productos maravillosos que nos devuelvan la juventud, la lisura y suavidad de la piel y el fortalecimiento del cabello de otros tiempos, pero sí podemos retardar cualquier tipo de lesión, o envejecimiento prematuro, este aceite se acerca a buenos resultados protectores y preventivos, como base de muchos de estos productos, aunque repetimos, no se le puede pedir a un producto, lo que la naturaleza humana en un período de estadio de edad no puede dar. Por lo que tómense con cuidado las promesas cuando duden que supere las expectativas.

3. Acción farmacológica y efectos sobre la salud del aguacate y su aceite.

Si una cualidad ha hecho del aceite de oliva llegar a lo más alto entre los demás aceites vegetales, es su acción protectora sobre las enfermedades cardiovasculares (ECV), consideradas la principal causa de muerte en los países desarrollados. Luego se han valorado sobre él su rol en la dieta mediterránea, una de las mejor ponderadas del mundo, no estimular la obesidad, proteger la oxidación celular con lo que se previene el envejecimiento de las células, así como de la aparición prematura de tumores u otros daños de deformación celular, entre otros.

Sin embargo, para llegar a esto, el aceite de oliva transitó por épocas difíciles en que su valor era menospreciado y se consideraba una grasa de menor calidad que las de origen animal, las sólidas, etc. Luego de los estudios de Keys y cols. a partir de la década del 50 del pasado siglo, y los avances en la caracterización de las grasas y el rol de sus componentes sobre el metabolismo humano, las ideas comenzaron a cambiar, aunque en esencia, otros aceites de composición lipídica rica en ácidos grasos poliinsaturados, llamados esenciales para el organismo, porque éste no los podía sintetizar, ocuparon un lugar preferente sobre el aceite de oliva, pese a que éste se comenzaba a valorar de una manera diferente

En esos momentos, los aceites de soja, girasol maíz y colza se consideraban superiores al aceite de oliva, a más de ser menos costosa su producción. Tal vez la perseverancia de una cultura milenaria, o las condiciones climáticas desfavorables para otro tipo de producción en el Mediterráneo, salvaron al aceite de oliva de un final desastroso, o de una muerte lenta y agónica.

Esa perseverancia dio sus frutos, y unido a los avances científicos y tecnológicos llegaron también los estudios estadísticos de nutrición, longevidad, etc. que ayudaron a los defensores de una cultura alimenticia milenaria, no solo a mantenerla, sino a poner en el centro de atención mundial las bondades del aceite de oliva, del ácido oleico, y de las fracciones secundarias del aceite de oliva virgen, y que éste ocupara el lugar que le corresponde como un producto con grandes beneficios para la salud humana, protector del daño aterogénico y útil para tratar o prevenir las enfermedades cardiovasculares.

Para ello también tuvo que demostrarse que la inestabilidad, o facilidad de oxidación de los ácidos grasos poliinsaturados, podía incidir desfavorablemente en el funcionamiento celular, acelerar su deterioro, causar su muerte energética, y hasta su deformación, en virtud de los radicales libres que se formaban en la autooxidación y oxidación de estos aceites.

Alcanzado estos resultados, y sin necesidad de demostrar lo que para el sentido común se hace evidente sobre las propiedades beneficiosas del aceite de oliva para el organismo humano, cabe tal vez preguntarse si el aceite de aguacate que posee una composición similar, incluso de su fracción secundaria ¿no mostrará el mismo efecto que el aceite de oliva?

La respuesta podría parecer obvia, pero en la ciencia si no hay demostración no pueden elaborarse postulados, y antes de afirmar categóricamente si el aceite de aguacate es un efectivo agente hipolipídémico, y por consiguiente útil para prevenir y hasta para tratar las ECV, así como evitar el daño celular, por lo que es conveniente que nos ajustemos a los resultados experimentales obtenidos por destacados especialistas en los últimos años, llevados a cabo mediante ensayos y estudios en el hombre y en animales de experimentación, por lo que más que exponer nuestros criterios, valoremos los resultados de algunos de esos estudios.

En un excelente *Review* sobre la composición y los efectos del aguacate sobre la salud, publicado en Critical Reviews in Food Science and Nutrition, en mayo de 2013, Mark Dreher y Adrienne Davenport [1] hacen un amplio análisis sobre el tema, que puede servir de referencia a los que le interese ampliar sus conocimientos sobre estos aspectos básicos.

En el estudio de referencia, los autores, además de profundizar en los diferentes componentes identificados en el aguacate y su acción beneficiosa sobre la salud humana, destacan los resultados de algunas investigaciones de carácter clínico en este campo, a las que sumamos otras más recientes.

Así, en 1960 W. Grant en un estudio sobre aguacates de California, determinó que su adición a la dieta ocasionaba disminuciones de los niveles de colesterol (CT) e incidía sobre la masa corporal de los individuos sometidos a ensayo (2).

Posteriormente Colquhoun et al., en 1992 (3), observaron en un estudio de corta duración con mujeres, que una dieta enriquecida en aguacate era efectiva sobre el perfil de lípidos, con acción saludable sobre el corazón.
También en 1992 Alvizouri-Muñoz et al. (4), observaron que las dietas enriquecidas con aguacate podían contrarrestar los posibles efectos en grasas en las lipoproteínas de alta densidad (HDL-C), y los triacilglicéridos (TAG), disminuyendo los niveles del CT y lipoproteínas de baja densidad (LDL-C).

Estos investigadores concluyeron que las dietas enriquecidas con aguacate pueden ayudar a evitar los posibles efectos adversos de las dietas bajas en grasas en HDL-C y TAG.

Más adelante, en 1994, Lerman-Garber et al. (5), ensayaron haciendo una sustitución parcial de la grasa de la dieta, por aguacate en pacientes con diabetes tipo 2, lo que incidió favorablemente sobre los niveles del perfil lipídico sérico con un control glicérico adecuado.

Lopez-Ledesma et al. (6), en 1996 informaron que las dietas enriquecidas con aguacate mejoraron significativamente los perfiles de lipoproteínas y triacilglicéridos en individuos con parámetros normales y en otros afectados por hipercolesterolemia. Los resultados mostraron un descenso del 16% en el colesterol sérico total en pacientes con índices normales, mientras que en los hipercolesterolémicos se halló una disminución del 17 y 22% respectivamente de LDL-C y CT, así como también una disminución significativa de TAG del orden del 22%, así como un ligero incremento de las HDL-C.

En 1997 Carranza-Madrigal et al. (7), valoraron cómo las dietas vegetarianas a las que se les incluía aguacate promovían perfiles lipídicos más favorables que las bajas en grasa y vegetarianas, sin aguacate.

La dieta que incluía aguacate redujo significativamente los valores de LDL-C, mientras que las dietas altas en carbohidratos y aguacate no cambiaron este indicador.

Por último, de lo que hace referencia Dreher, en 2005 Pieterse et al. (8) comprobaron que el consumo diario de un aguacate y medio en una dieta restringida en alimentos energéticos no provocaba la pérdida de peso o los niveles de lipoproteínas, ni la función vascular.

Otros Estudios recientes.

En 2007 Méndez y Hernández (9) reportaron en un estudio preclínico en ratas con dieta suplementada en aguacate Hass, que se podía modificar la estructura del HDL-C al aumentar la actividad de la paraoxonasa 1 (PON-1), que puede mejorar la capacidad antioxidante lipófila y ayudar a convertir el LDL-C oxidado a su forma no oxidada.

Los efectos del aguacate en la alimentación de cerdos fueron reportados en 2009 por Alvisouri-Rodríguez (10), que encontraron que éstos no aumentaban de peso, hubo una disminución del LDL-C y un incremento del HDL-C, a la vez que la carne mostraba una disminución del 50% de colesterol, así como un incremento de la concentración de ácidos grasos monoinsaturados en su grasa.

En 2009 Yong et al. (11). fijaron su atención en las xantofilas que acompañan al aguacate y sugirieron que éstas podían tener un efecto antioxidante y de protección del ADN con posibles efectos protectores sobre el envejecimiento celular.

También relacionado con los componentes secundarios del aguacate: Ding et al. (12), informaron que los aguacates contienen varios compuestos fitoquímicos bioactivos, entre los que se incluyen carotenoides, terpenoides, D-mannoheptulosa, persenona A y B, fenoles y glutatión que se ha informado muestran propiedades anticancerígenas.

Por otra parte, y en esta misma dirección, Christopher Cortés-Rojo, en 2012 (13) publicó sus consideraciones derivadas de estudios con células de levadura protegidas por aceite de aguacate, que impidieron que el Fe que acelera la oxidación, pudiese producir elevadas cantidades de radicales libres, cosa que en este caso no ocurrió, y las células no se vieron afectadas. Esto pudiese ser indicativo de que el aceite de aguacate, por su marcado efecto antioxidante, podría constituir una forma de frenar, o atenuar la formación y el efecto de los radicales libres que afectan al desarrollo celular y pueden causar malformaciones.

Los radicales libres se pueden formar en las células por efecto del oxigeno atómico o naciente, o por radicales libres de oxígeno naciente o en compuestos asociados como los peróxidos e hidroxiperóxidos que pueden atacar el ADN, por otra, parte pueden causar que la producción energética de la célula se detenga y ésta muera.

Por su parte, Rodríguez Carpena et al. dieron a conocer en 2011 (14) sus investigaciones sobre la acción antioxidante, antimicrobiana y otros parámetros de extractos de mesocarpio, cáscara y semilla del aguacate de las variedades Hass y Fuerte; en diferentes disolventes orgánicos, sobre cerdos. De acuerdo con sus observaciones, los extractos de cáscara y semilla tenían, como era de esperar, mayores cantidades de compuestos fenólicos y por consiguiente mayor acción antimicrobiana *in vitro*.

La cáscara y las semillas resultaron ricas en catequinas, procianidinas y ácidos hidroxicinámicos, mientras que la pulpa fue particularmente rica en ácidos hidroxibenzoicos e hidroxicinámicos, así como en procianidinas. El contenido total de compuestos fenólicos y el potencial antioxidante de estos extractos del aguacate eran afectados por el tipo de disolvente empleado en la extracción y la variedad de aguacate. Los extractos de referencia también mostraron moderados efectos antimicrobianos contra bacterias Gram-positivas, por lo que concluyen que:

"Los tejidos de aguacate son interesantes fuentes naturales de extractos ricos en fenoles con alto contenido antioxidante y potencial antimicrobiano. Curiosamente, los materiales de desecho del procesamiento industrial del aguacate (cáscaras y semillas) muestran la más intensa efectos antioxidantes"

El efecto hipolipidémico de la semilla del aguacate en ratas fue reportado en 2012 por Pahua-Ramos et al. (15), y según estos autores:

"La semilla de aguacate contiene niveles elevados de compuestos fenólicos y exhibe propiedades antioxidantes... El ácido protocatechuico fue el principal compuesto fenolito encontrado, seguido de kaempferide y ácido vanillico. El contenido fenólico total en el extracto metabólico fue 292.00 ± 9.81 mg equivalentes de ácido gálico/g de peso seco de la semilla, y la actividad antioxidante resultó en 173,3 µmol equivalentes/g. Además, se encontró un alto contenido de fibra dietética, del orden del (34,8%). El LD50 oral fue de 1767 mg/kg de peso corporal, y se redujo significativamente los niveles de colesterol total, LDL-C, y del índice aterogénico".

Consideraron los autores que el contenido de la semilla era de baja toxicidad y que la reducción significativa de los niveles de CT y LDL-C en los ratones investigados, podría ser atribuido al contenido fenólico, actividad antioxidante y/o dietética, así como al contenido de fibra cruda de la semilla.

En 2013 Fulgoni, Dreher y Davemport (16) presentaron sus conclusiones sobre las relaciones entre consumo de aguacate y calidad de la dieta en general, ingestas de energía y nutrientes, indicadores fisiológicos de la salud, y riesgo de síndrome metabólico, donde concluyeron que el consumo de aguacate puede asociarse con una mejor calidad general de la dieta, la ingesta de nutrientes y una reducción riesgo de síndrome metabólico. Por lo que los dietistas debían ser conscientes de las asociaciones beneficiosas entre la ingesta de aguacate, la dieta y salud, al hacer recomendaciones dietéticas.

En 2015 De Souza Abboud et al. (17) evaluaron la posible reducción de lípidos por el aceite de aguacate en ratas Wistar (M) sometidas a hiperestimulación androgénica prolongada. Como resultado, concluyeron que el aceite de aguacate tuvo un efecto regulador eficaz sobre el perfil lipídico en los animales sometidos a estimulación de andrógenos durante períodos prolongados.

Weschenfelder el al. (18) en 2015 valoraron el efecto del aguacate sobre las enfermedades cardiovasculares tomando como base la composición nutricional del fruto y sus altos contenidos de ácidos grasos monoinsaturados, fitoesteroles, fibra, vitamina E, minerales como K, Mg, entre otros, así como por su alto contenido calórico, valorando como antecedentes investigaciones anteriores donde se arrojaban resultados que demostraban que el aguacate podía mejorar la hipercolesterolemia y ser útil en el tratamiento de la hipertensión y la diabetes mellitus tipo 2 (DM2). De esta forma consideraron que el aguacate juega un papel importante en la salud cardiovascular.

Al final de su revisión concluyeron que:

"El consumo de aguacate parece estar relacionado con la salud cardiometabólica al evitar los factores de riesgo tradicionales como dislipidemia, control glicémico e hipertensión. A pesar de todos los efectos beneficiosos del aguacate, estos estudios se realizaron en modelos de animales y sus resultados deben interpretarse con precaución". Por lo que sugieren que se deben diseñar más estudios entre humanos para evaluar y confirmar los beneficios de este fruto.

Wang, et al. (19), en 2015 estudiaron el efecto de una dieta moderada de grasas con, y sin aguacates, sobre el contenido de lipoproteínas, tamaño y subclases en adultos con sobrepeso y obesos, en un estudio aleatorio controlado. El estudio se llevó a cabo en grupos con una dieta baja en grasas, dieta moderada en grasas o dieta moderada en grasa con adición de 136 g de aguacate por día.

Los resultados arrojaron que se mantuvo el peso corporal, pero disminuyó el LDL-C.

En 2016 P. Sokunthea, et al., (20) analizaron el impacto de las dietas enriquecidas en aguacate sobre las lipoproteínas plasmáticas. Ellos partieron de que la optimización de las lipoproteínas plasmáticas es el objetivo principal de la farmacoterapia y las intervenciones dietéticas en personas con riesgo de enfermedades cardiovasculares. Los aguacates ofrecen una rica fuente de monoinsaturados grasa y puede presentar efectos beneficiosos sobre el perfil lipídico.

Concluyeron que las dietas sustituidas con aguacate disminuyen significativamente los niveles de TC, LDL-C y TG. Sustituyendo Las grasas dietéticas con aguacates versus la adición a la dieta libre deberían ser la principal estrategia de recomendación. Por lo anterior, consideraron que se justifica la realización ensayos más amplios en que se analice el impacto de los aguacates en los principales eventos cardiovasculares adversos.

Aún más reciente, en 2017, Silva, et al. (21), realizaron una revisión sistemática sobre el efecto cardioprotector del consumo de aguacate, tomando como base los datos electrónicos divulgados al respecto. En este sentido, seleccionaron publicaciones relacionadas con el problema usando el descriptor *aguacate* combinado con parámetros como *grasas monoinsaturadas, lipoproteínas, antioxidantes*, entre otras. Los estudios referidos a adultos muestran que:

-Aumento de lipoproteína-colesterol (HDL-C) y peroxidación lipídica sérica.

-Conservación de la proteína Ikappa-B (IkB-α); y NF-kappa B (NFκB). Se observó inactivación.

Por lo tanto, el consumo de aguacate ejerce un efecto beneficioso sobre la prevención de ECV, que se puede atribuir a su alto contenido de ácidos grasos monoinsaturados (AGMI), especialmente ácido oleico. Sin embargo, no hay consenso sobre la cantidad de aguacate necesaria para conferir tales beneficios.

También en 2017 Yu Ge, et al. [22] reportaron estudios sobre el aguacate, en este caso sobre las características morfológicas, calidad nutricional y carácter bioactivo de constituyentes en frutas de dos variedades de aguacate (Persea americana) de la provincia de Hainan, China

Los autores estudiaron la pulpa y semillas de las especies en lo concerniente a humedad, cenizas, lípidos totales, composición de ácidos grasos, azúcares solubles, ácido valorable, proteína soluble y minerales. También las concentraciones de seis tipos de compuestos bioactivos: compuestos fenólicos totales, flavonoides, tanino, ácido ascórbico, acetato de tocoferilo y carotenoides. Sin entrar en la superioridad de un tipo de aguacate o no, centrándonos en la comparación semilla-pulpa sus resultados arrojan que:

La semilla mostraba un contenido en azúcar soluble más alto, así como el índice de acidez titulable, y en minerales como sodio, potasio, calcio, hierro, cobre y zinc. Otras composiciones nutricionales (ceniza, magnesio y manganeso) mostraban pocas diferencias entre la pulpa y la semilla de aguacate. Con respecto a los contenidos de compuestos bioactivos, la semilla era superior a la pulpa en el contenido de fenoles totales, flavonoides y tanino. En cuanto a las concentraciones de ácido ascórbico, acetato de tocoferol y carotenoides totales, los valores más altos se encontraron en la pulpa. Los resultados de las composiciones de ácidos grasos muestran que los contenidos de ácido palmítico, palmitoleico, esteárico, oleico y linoleico de la pulpa fueron más altos que los de la semilla, mientras que el ácido mirístico y el ácido araquídico tenían mayores contenidos en la semilla.

Para los principales nutrientes, se encontraron contenidos mayores de lípidos y proteínas solubles en la pulpa, pero en lo que respecta a los compuestos fenólicos totales, flavonoides y taninos las concentraciones en la semilla fueron de 10 a 40 veces mayores que en la pulpa.

De acuerdo con lo expuesto anteriormente, y en correspondencia con el *Review* de Dreher de 2013 sobre la composición y las potencialidades del aguacate para la salud humana, se concluye que la inclusión del aguacate en la dieta puede ser beneficiosa, pues éste contiene un variado número de sustancias bioactivas necesarias para el organismo como vitaminas A, C, E y K así como algunas del complejo B, ácido pantoténico, riboflavina, colina, luteína, zeaxantina, fitoesteroles, ácido fólico, también suministra fibra dietética de fácil digestión, minerales como el K, el Mg, entre otros.

Pero más que todo y centrándonos en el aceite de aguacate, lo que le da valor y lo hace comparable al de oliva, es su perfil lipídico rico en ácidos grasos monoinsaturados que influyen positivamente en el control y el descenso de los niveles de CT, LDL-C, TAG, glicemia y tiende a elevar el HDL-C, a la vez que puede ayudar en el control del peso corporal, y en sí, en mucho de lo que tiene que ver con las ECV.

No obstante a lo anterior, y lo relativamente reciente que resulta el tema, será necesario ampliar las investigaciones en un campo que hasta ahora ha demostrado ser fértil en resultados muy útiles para la salud y el bienestar de los seres humanos.

El aguacate, un fruto injustamente olvidado en el tiempo, ahora renace rodeado de todo el esplendor de sus propiedades nurtritivas y el de su sangre verde: **su aceite**, que compite con el más importante de los conocidos hasta ahora, con el de oliva.

Referencias del Capítulo.

(1) Dreher, M. and A. Davenport (2013). *Hass Avocado Composition and Potential Health Effects*. Crit Rev Food Sci Nutr. 2013 May; 53(7): 738–750.

(2) Grant, W. (1960). *Influence of avocados on serum cholesterol*. Proc. Soc. Exp. Biol. Med.1960; 104:45–47.

(3) Colquhoun D., D. Moorees, S. Somerset and J. Humphries. (1992) *A. Comparison of the effects on lipoproteins and apolipoproteins of a diet high in monounsaturated fatty acids, enriched with avocado, and a high-carbohydrate diet.* Am. J. Clin. Nutr. 1992;56:671–677.

(4) Alvizouri-Munoz M., et al. (1992). *Effects of avocado as a source of monounsaturated fatty acids on plasma lipid levels*. Arch. Med. Res. 1992;23:163–167.

(5) Lerman-Garber I., et al. (1994). *Effect of a high-monounsaturated fat diet enriched with avocado in NIDDM patients. Diabetes Care.* 1994;17:311–315.

(6) Lopez-Ledesma R., A. Frati and B. Hernandez (1996). *Monounsaturated fatty acid (avocado) rich diet for mild hypercholesterolemia*. Arch. Med. Res. 1996;27:519–523.

(7) Carranza-Madrigal J., et al. (1997) *Effects of a vegetarian diet vs. a vegetarian diet enriched with avocado in hyper-cholesterolemic patients*. Arch. Med. Res. 1997;28(4):537–41.

(8) Pieterse Z., J. Jerling and W. Oosthuizen (2005).

Substitution of high monounsaturated fatty acid avocado for mixed dietary fats during an energy-restricted diet: Effects on weight loss, serum lipids, fibrinogen, and vascular function. Nutrition. 2005;21:67–75.

(9) Mendez P. and G. Hernandez (2007). *HDL-C size and composition are modified in the rat by a diet supplementation with "Hass" avocado.* Arch. Cardiol. Mex. 2007;77(1):17–24.

(10)   Alvisouri, M. y A. Rodríguez (2009). Efectos médicos del aguacate Med Int Mex 2009;25(5):379-85.

(11) Yong L., et al. (2009). *High density antioxidant intakes are associated with decreased chromosome translocation frequency in airline pilots.* Am. J. Clin. Nutr. 2009;90:1402–1410.

12) Ding H., et al. 2007) *Chemopreventive characteristics of avocado fruit.* Seminar in Cancer Biology. 2007;17:386–394.

(13) Cortés-Rojo, C. (2012). BBC Salud 24 abril 2012.

(14) Rodríguez Carpena, et al. (2011). *Avocado (Persea americana Mill.) Phenolics, In Vitro Antioxidant and Antimicrobial Activities, and Inhibition of Lipid and Protein Oxidation in Porcine Patties.* Journal and Agricultura an Food Chemistry 2011, 59, 5625–5635

(15) Pahua-Ramos, M. (2012). Effect of Avocado (Persea americana Mill) Seed in a Hypercholesterolemic Mouse Model. Plant Foods Hum Nutr (2012) 67:10–16.

(16) Fulgoni V. , M. Dreher and A. Davemport (2013). *Avocado consumption is associated with better diet quality and nutrient intake, and lower metabolic syndrome risk in US adults: results from the National Health and Nutrition.* Nutrition Journal 2013, 12:1.

(17) De Sousa R. et al. (2015). *The action of avocado oil on the lipidogram of wistar rats submitted to prolonged androgenic stimulum.* Nutr Hosp. 2015;32(2):696-701.

(18) Weschenfelder, C. et al. (2015). *Avocado and Cardiovascular Health.* Open Journal of Endocrine and Metabolic Diseases, 2015, 5, 77-83

(19) Wang, L., et al. (2015) *Effect of a Moderate Fat Diet with and without Avocados on Lipoprotein Particle Number, Size and Subclasses in Overweight and Obese Adults: A Randomized, Controlled Trial.* Journal of the American Heart Association, 4, e001355.

(20) Sokunthea P. et al. (2016). Impact of avocado-enriched diets on plasma lipoproteins: A meta-analysis. Journal of Clinical Lipidology (2016) 10, 161-171.

(21) Silva, A. et al. (2017). *Mechanisms involved in the cardioprotective effect of avocado consumption: A systematic review.* International Journal of Food Properties. 2017, Vol. 20, No. S2, 1675–1685.

(22)Yu Ge, et al. (2017). *Morphological Characteristics, Nutritional Quality, and Bioactive Constituents in Fruits of Two Avocado (Persea americana) Varieties from Hainan Province, China.* Journal of Agricultural Science; Vol. 9, No. 2; 2017.

VI. PRODUCCION MUNDIAL DE AGUACATE Y SU ACEITE.

1. Aguacate

Aunque el objeto básico de esta monografía está centrada en el aceite de aguacate, las características únicas del fruto, su alto valor nutritivo y de aceptación entre la población, y los valores que éste alcanza en el mercado, hacen que los datos que se manejen generalmente se refieran a éste y no a un producto agregado como su aceite, teniendo en cuenta que su aparición es de fecha reciente y con un limitado volumen de producción en relación con el fruto, por lo que tendremos que centrarnos básicamente en los datos estadísticos del aguacate y al final comentar los relativos a la producción de aceite.

Esto, además, está dado porque a diferencia de otros aceites como el de palma, girasol y colza, por ejemplo, el empleo para el consumo directo del fruto del primero, o de las semillas en los dos últimos, no presenta un interés comercial destacado, como lo es en el caso del aguacate, que goza además, de una alta demanda, prácticamente por encima de su oferta y en un momento de plena expansión, esto es, en lo que viene a llamarse el *boom* del aguacate.

De todas maneras, esto no es ningún obstáculo en nuestras valoraciones por cuanto el fruto comestible del aguacate presenta las mismas, y tal vez más propiedades nutritivas y para la salud que su aceite virgen, al extremo, que su pulpa es conocida en algunos lugares como *mantequilla de aguacate*, y resulta en verdad un buen sustituto, aunque por supuesto, conteniendo fibra y otros componentes naturales, que por cierto, son beneficiosos para la salud.

En cualquier análisis sobre el aguacate no hay que olvidar que este es un árbol tropical, en que algunas de sus variedades como la Hass, se han aclimatado bien a zonas subtropicales, por lo que los principales productores, como es lógico suponer, corresponden a países con estos climas, como es el caso de México, su mayor productor y exportador.

El que el aguacate sea un árbol de los trópicos presenta inconvenientes en los países o zonas meridionales de clima seco, por la cantidad de agua que conlleva su explotación, esto se nota actualmente en España, en algunas regiones de Andalucía, donde las fuentes de agua se están convirtiendo en una limitante en la explotación de un cultivo en completa expansión, con mercados abiertos en toda Europa y Asia, por otra parte, es preciso recordar que el aguacate no soporta tampoco las heladas, lo que restringe un poco más las zonas de cultivo, aunque si nos atenemos a la realidad, hay suficiente tierra cultivable en los países con zonas tropicales para que continúe su expansión, siempre y cuando no siga el rumbo de la palma africana, la soja, etc., por los grandes males que esto ha ocasionado para el clima y la biodiversidad.

Hacia el año 2000 la producción mundial de aguacate era de 2,420 529 TM y las siembras ocupaban un área de 342 000 hectáreas con una media de producción de 7,1 TM/ha. En los años siguientes, la producción siguió creciendo y haciendo una comparación entre las temporadas 2003, 2008 y 2013 la situación se comportó de la siguiente forma:

Principales productores de aguacate ᵀᴹ período 2003-2013.

	2003	2008	2013
México:	965 000 (28%)	1,162 429 (28%)	1,467 837 (31 %)
Indonesia:	255 957 (8%)	244 215 (7%)	276 311 (5%)
Rep. Dominicana:	273 606 (8%)	188 139 (5%)	387 546 (8%)
Colombia:	163 177 (5%)	183 96 (5%)	303 340 (6%)
Brasil:	147 214 (4%)	-	-
Estados Unidos	-	211 737 (6%)	-
Perú			288 386 (6%)
R. del mundo:	1,364 812 (45%)	1,516 352 (46%)	1,993 681 (44%)
Total:	**3,174 289**	**3,444 317**	**4,717 102**

Por continentes la producción de aguacate se comportó entre

2008-2013 de la siguiente forma:

Producción de aguacate por Continentes ™ período 2008-2013

	2008	**2013**
América:	2,347 011 (68%)	3,317 609 (70%)
Asia:	428 438 (12%)	516 512 (11%)
África:	513 106 (15%)	717 552 (15%)
Europa:	92 399 (3%)	90 009 (2%)
Oceanía:	63 364 (2%)	75 419 (2%)
Total	**3,444 318**	**4,717 102**.

Los principales países productores y exportadores en 2013 ™ fueron:

México: 494 481
Chile: 91 125
Perú: 83 576
Sudáfrica: 54 502
Israel: 33 306

Mientras que los principales países importadores ™ en 2013 fueron:

Estados Unidos: 502 546
Holanda: 120 322
Francia: 94 500
Japón: 58 555
Canadá: 49 027

A pesar de ser México el mayor productor y exportador de aguacate, en su mercado interno se perciben escaseces lo que es dado por su alta demanda.

El movimiento productivo de aguacate por años entre 2010 y 2016 se comportó de la manera siguiente:

2010: 3,916 700
2011: 4, 266 672
2012: 4,470 008
2013: 4,717 102
2014: 5,068 000
2015: 5,230 000
2016: 5 788 000

Como se puede apreciar, en 2016 la producción de aguacate se incrementó hasta las 5,788 000 TM, lo que representa comparativamente con el año 2000 (2, 420 529 TM) un crecimiento total de un 239 %, o lo que es lo mismo, que la producción fue 2,31 veces mayor, esto es, que se duplico en poco más de 15 años. Con este ritmo de crecimiento se pronostica que para 2025 se alcancen las 7,6 MT., lo que constituiría una magnitud apreciable, para un renglón productivo en crecimiento intenso y continuo. El rendimiento medio por ha, también aumentó hasta valores mayores a 11 TM/ha.

La mayor aceleración de la producción ocurrió entre los años de 2011 a 2016 con un incremento anual de 5,6%. México fue, como en años anteriores, el mayor productor mundial con el 33,9% del total, seguido de República Dominicana con 10.8%, Perú con 8.2%, Colombia con 5.6% e Indonesia con 5.5%. Es de destacar que en países como Perú y República Dominicana, la producción aumentó un +15,8 y + 14,1% anualmente desde 2007 a 2016, en lo que influyó el incremento de la superficie de siembra y mejoras de rendimiento.

Por países en 2016 los principales productores en TM fueron:

País: Producción TM

México: 1,889 354
R. Dominicana: 601 349
Perú: 455 394
Colombia: 309 431
Indonesia: 304 938
Brasil: 195 492
Kenya: 176 045
Estados Unidos: 172 630
Chile: 137 635
China: 122 942

Es de observar que los siete principales productores mundiales de aguacate son países tropicales, y que con mucho México triplica la de su competidor más cercano: República Dominicana, que por cierto, es un país antillano pequeño, de unos 48 730 km², que ocupa el lugar 130 en cuanto a superficie territorial en el mundo, y que además es un buen productor de otros renglones agrícolas como el coco y el plátano, entre otros. Esto está dado en que aún no hay un verdadero tope en cuanto al rendimiento por hectárea del aguacate, y día a día se mejoran estos indicadores, de manera que en poco es posible que superen a los cultivos de otras plantas aceiteras, incluso al de palma africana.

En cuanto a superficie cultivada en ha, algunos de estos países se ubicaron en los primeros puestos, pero hubo otros que, aunque no alcanzan niveles de producción para estar en esta lista, se encuentran entre los diez primeros países con superficie sembrada:

Superficie de cultivo de aguacate en ha (2016)

México: 180 536
Perú: 37 871
Colombia: 35 514
Chile: 29 933
Indonesia: 23 957
Estados Unidos: 23 241
China: 20 065
Etiopia: 17835
Camerún: 16672
Sudáfrica: 16584

En cuanto al comercio, los principales países exportadores coinciden con los productores, mientras que los importadores en 2016 fueron:

Volumen de importación de aguacate por países ™ (2016)

Estados Unidos: 821,000
Holanda: 186 000
Francia: 134 000
Reino Unido: 96 000
España 87 000
Canadá: 78 000
Japón: 74 000

2. Aceite de Aguacate

Como hemos expresado a través del libro, uno de los obstáculos principales que tiene la producción de aceite de aguacate, más que su mercado, es la alta demanda del fruto, dadas sus características particulares que lo hacen muy útil para el consumo directo de muy variadas formas, por esta razón es que la producción de aceite de aguacate esté limitada a muy pocos países, y con fines esencialmente para la industria de los cosméticos y no para el sector alimenticio, pese a sus magníficas cualidades, por lo que el consumo como alimento se centre más en los países productores, aunque ya comienza a aparecer en los mercados internacionales, pero con precios muy elevados en comparación con el de otros aceites vegetales comestibles.

Los principales productores y exportadores de aceite de aguacate en el mundo son: México, Nueva Zelanda y Chile, pero los datos en algunos de estos países como México y Chile son recogidos de fuentes secundarias, por lo que tienen un carácter aproximado, no así en el caso de nueva Zelanda. De acuerdo con éstos la exportación de aceite se comportó entre los años 2005 y 2010 de la siguiente forma:

Exportación aceite de aguacate TM (2005-2010).

Año	Chile:	N. Zelanda	México
2005	19,021	22,75	-
2006	18,914	80,16	20,09
2007	51,097	81,14	21,92
2008	80,048	85,54	22,83
2009	54,216	217,33	23,74
2010	53,223	156,60	24,66

Si bien el aceite de aguacate se presenta como el segundo producto industrializado del aguacate, y su dinámica, aunque lenta es en dirección a un incremento de uso con fines alimenticios, éste aún dista mucho de acercarse a los niveles de producción del aceite de oliva, por lo que no puede considerarse un competidor del aceite del Mediterráneo, al menos por el momento, pero no es de dudar que con los altos rendimientos por hectárea del aguacate en un futuro la situación pueda cambiar, por lo que hay que mantener una observancia constante de la evolución de la industria del aceite de aguacate para ver como se perfila en los próximos años.

Otros países de América también producen aceite de aguacate, como es el caso de Ecuador, con una planta instalada en 2007, por lo que fue pionera en la región, pero su producción apenas alcanza la tercera parte de su capacidad por dificultades de suministro de aguacate por las razones antes explicadas. También la comercialización del producto, preferentemente en el mercado interno, ha chocado con factores subjetivos relacionados por el gusto de otros aceites, foráneos como el de girasol, maíz, oliva, entre otros. Así por ejemplo, la capacidad de procesamiento de esta planta es de unas 10 TM de fruto diario y solo procesa un promedio de 3 TM obtenidas de una superficie de cultivo de solo 80 ha, poblada por poco más de 20 000 árboles.

En Colombia se conoce que hay plantas industriales de poca capacidad en explotación que ya exportan cantidades limitadas de aceite de aguacate, principalmente para el mercado europeo. Por su parte, España, que por sus características climáticas se ha convertido en el principal productor de aguacate en Europa, con exportaciones a diferentes países de la zona, tiene una planta con explotación limitada y por demanda en Andalucía. En otras regiones de este país como Canarias, con buenas condiciones para el cultivo, la producción de aguacate se realiza con fines principalmente de abastecimiento interno dada la alta demanda del sector poblacional y turístico.

Aunque el país ibérico alcanza muy buenas cosechas, las dificultades hidráulicas que presenta el sector no solo dificultan el que se amplié el cultivo del aguacate y la de sus productos agregados, sino que están amenazadas las propias plantaciones existentes dado los bajos índices pluviométricos en los últimos años, con excepción un poco del presente, pero que aún no satisfacen los llenados de los embalses y su destino a la agricultura, porque claro está, primero está satisfacer la demanda de la población.

OTRAS OBRAS DEL AUTOR

1. El Código Ético y Moral de Confucio.
2. El Código Educativo de Confucio.
3. El Triángulo de Confucio.
4. Confucio para Confusos.
5. Un Réquiem para Maquiavelo.
6. Confucio Vs. Maquiavelo.
7. En las llanuras del Camagüey I. Buenaventura.
8. En las Llanuras del Camagüey II. Dolores Cruz.
9. Sombras que Vagan por la Llanura.
10. África Sonríe Triste, en Silencio.
11. Cuerno de Rinoceronte.
12. Cuerno de Luz.
13. Mkombo, Soba del Norte
14. Lamento Taurino.
15. El Peligroso Arte de Freír.
16. Caos e Incertidumbre en el Mundo de los Aceites Vegetales.
17. Química de los aceites vegetales.
18. En las llanuras del Camagüey III. La isla prometida.
19. En las llanuras del Camagüey IV. Fantasmal.
20. Aceite de Coco.
21. Química del aceite de Oliva.

BIBLIOGRAFÍA

Alton Edward Bailey, (1998), *Aceites y grasas industriales*, Editorial Reverte, España, p. 99.

Anderson, J., F. Grande and A. Keys (1970). *Coronary heart disease in Seven countries*". Circulation, 1970, 41; 1-211

Astiasarán, Y. y J. Martínez, (2003). *Alimentos. Composición y propiedades*. McGraw-Hill Interamericana. Madrid.

Alvizouri-Muñoz, M. et al. (1992*). Effects of avocado as a source of monounsaturated fatty acids on plasma lipid levels.* Arch. Med. Res. 23(4):163-7.

AOCS. (1997). *Official Methods and Recommended Practices of the American Oil* Chemists Society, 5th ed. D. Firestone (ed), AOCS Press, Champaign.

Badui, S. (2006) *Química de los alimentos*. 4ta. Edic. PEARSON. Adison Wesley. México.

Bailey, A. (1961). *Química de los Alimentos*. 3ra. ed. Editorial Addison Wesley Longman. México.

Belitz, H., and W. Grosch (1997). *Química de los Alimentos*. 2da ed. Zaragoza: Acribia.

Berasategi, I., et al. (2012). *Stability of avocado oil during heating: Comparative study to olive oil.* Food chemistry, 132(1), 439-446

Coultate, T. (1998). *Manual de Química y Bioquímica de los alimentos*. Ed Acribia. España.

Comisión Europea. «REGLAMENTO (CE) No 1513/2001 DEL CONSEJO de 23 de julio de 2001 que modifica el Reglamento no 136/66/CEE y el Reglamento (CE) no 1638/98, en lo que respecta a la prolongación del régimen de ayuda y la estrategia de la calidad para el aceite de oliva».

Clevidence B, et al. (1997). *Plasma lipoprotein (a) levels in men and women consuming diets enriched in saturated, cis-, or transmonounsaturated fatty acids*. Arterioscler Thromb Vasc Biol 1997; 17: 1657-61.

Colquhoun, D., D. Moores, S. Somerset, and J. Humphries (1992). *Comparison of the effects on lipoproteins and apoliproteins of a diet high in monounsaturated fatty acids, enriched with avocado, and a high-carbohydrate diet.* Am. J. Clin. Nutr. 56(4):671-7.

Costagli, G., and M. Betti, (2015). *Avocado oil extraction processes: method for cold-pressed high-quality edible oil production versus traditional production.* Journal of Agricultural Engineering, 46(3), 115-122.

Dreher, M. and a. Davenport. (2013). *Hass avocado composition and potential health effects.* Critical Reviews in Food Science and Nutrition, 53:738–750.

Duester, K. (2001). *Avocado fruit is a rich source of β-Sitosterol*. Journal of the American Dietetic Association, 101: 404-405.

Departamento de Salud y Servicios Sociales de los Estados Unidos (2010). Dietary Guidelines for Americans.

Eyres, L., N. Sherpa y G. Hendrinks. (2001). *Avocado Oil: a new edible oil from Australasia.* Lipid Technol, Vol. 13, N° 4: 84-88.

Ferrari R. et al. (1996). *Minor constituents of vegetable oils during industrial processing.* J. Am. Oil Chem. Soc. 73, 587-591.

Foster A, and A. Harper A. (1983). *Physical refining.* J of Am Oil Chem. Soc. 60, 265-271.

Gómez-López, V. (1998). *Characterization of Avocado (Persea americana Mill.) varieties of very low oil content.* Journal of Agricultural and Food Chemistry, 46: 3643- 3647.

Horton J, et al. (1993). *Dietary fatty acids regulate hepatic low density lipoprotein (LDL) transport by altering LDL receptor protein and mRNA levels.* J Clin Invest 1993; 92: 743-49.

Hu, F., et al. (1997). Dietary fat intake and risk of coronary heart disease in women. N Engl J Med 1997; 337: 1491-99.

Human, T. (1987). *Oil as a byproduct of the avocado.* South African Avocado Grower's
Association. 10: 163-164.

Hurtado-Fernández, E., et al. (2014). *Quantitative characterization of important metabolites of avocado fruit by gas chromatography coupled to different detectors (APCI-TOF MS and FID).* Food Research International, 62: 801–811.

Hurtado-Fernandez, E. A. Carrasco and A. Fernandez. (2011). *Profiling
LC-DAD-ESI-TOF MS Method for the Determination of Phenolic Metabolites from Avocado (Persea americana).* Journal of Agricultural and Food Chemistry, 59: 2255–2267.

James, C. (1996). *Analytical Chemistry of Foods.* Blackie Academic and Professional. London.

Kamal-Eldin A, and L. Appelqvist (1996). *The chemistry and antioxidant properties of tocopherols and tocotrienols.* Lipids. 31, 671-701.

Keys A, J. Anderson and F. Grande (1957). *Prediction of serum cholesterol responses of man to changes in fats in the diet.* Lancet 1957; 273: 959-66.

Keys A. (1980). *"Seven Countries: A Multivariate Análisis of Death and Coronary Heart Disease."* Cambridge, MA: Harvard University Press.

Keys A., A. Mennoti, M. Karvonen C. Aravanis, H. Blackburn , et al. (1986) *The diet and 15-year death rate in the seven countries study.* Am J Epidemiol 1986; 124: 903-915.

Khalil M, W. Wagner and I. Goldberg. (2004). *Molecular interactions leading to lipoprotein retention and the initiation of atherosclerosis.* Arterioscler Thromb Vasc Biol; 24: 2211-18.

Kris-Etherton P, and S. Yu (1997). *Individual fatty acids on plasma lipids and lipoproteins: human studies.* Am J Clin Nutr 1997; 65: 1628S-44S.

Knothe, G. (2013). *Avocado and olive oil methyl esters.* Biomass and Bioenergy, 58: 143-148.

Kushi, L, et al. (1985) *Diet and 20-year mortality from coronary heart disease.* The Ireland-Boston Diet Diet-Heart Study. N Engl J Med 312: 811-8.

Lanzón, A, T; Cert and J. Gracián,J (1994). *The hydrocarbon fraction of virgin olive oil and changes resulting from refining* Journal of the American Oil Chemists' Society 1994;71:285-291.

Lichtenstein A, et al.(2006). *Summary of American Heart Association diet and lifestyle recommendations revision.* Arterioscler Thromb Vasc Biol 2006; 26: 2186-91.

López, C. (2018). *Aceites Vegetales.* Amazon Kindle Publishing ISBN.9781980870401. Spain.

López, C. (2017). *Caos e Incertidumbre en el Mundo de los Aceites Vegetales.* Amazon Kindle KDP Publishing, 9751549915190. Spain.

López, C. (2018). *El Peligroso Arte de Freir.* Amazon Kinmdle KDP Publishing. ISBN 9781973324423. Spain.

Li, D. (2001). *Relationship between the concentrations of plasma phospolipid stearic acid and plasma lipoprotein lipids in healthy men.* Clin Sci; 100:25-32.

Landahl, S., M. Meyer, and L. Terry. (2009). *Spatial and temporal analysis of textural and biochemical changes of imported avocado cv. Hass during fruit ripening.* Journal of Agricultural and Food Chemistry, 57: 7039–7047

Meyer, M., and L. Terry. (2010). *Fatty acid and sugar composition of avocado, cv. Hass, in response to treatment with an ethylene scavenger or 1-methylcyclopropene to extend storage life.* Food Chemistry, 121: 1203–1210.

Moreno, O.(2003). *Effect of different extraction methods on fatty acids, volatile compounds, and physical and chemical properties of avocado (Persea americana Mill.) Oil.* Journal of Agriculture and Food Chemestry, 51, 2216-2221.

Mattson F. and S. Grundy (1995). *Comparison of effects of dietary saturated, monounsaturated and polyunsaturated fatty acids on plasma lipids and lipoprotein in man.* J. Lipid Res., 26, 194-202.

Mensink, R. and M. Katan. (1992). *Effect of dietary fatty acids on serum lipids and lipoproteins. A metaanalysis of 27 trials.* Arterioscler Throm 12: 911-919, 1992.

Mensink R, et al. (2013). *Effects of dietary fatty acids and carbohydrates on the ratio of serum total to HDL cholesterol and on serum lipids and apolipoproteins: a meta-analysis of 60 controlled trials.* Am J Clin Nutr. (77) (5) pp.1146-1155.

Mozaffarian D, R. Clarke (2009). *Quantitative effects on cardiovascular risk factors and coronary heart disease risk of replacing partially hydrogenated vegetable oils with other fats and oils.* Eur J Clin Nutr 2009; 63: S22-S33.

Moreiras O. et al. (2007). *Tablas de composición de alimentos.* 11ª edición. Pirámide. Madrid.

Moghadasian, M., and J. Frohlich (1999). *Effects of dietary phytosterols on cholesterol metabolism and atherosclerosis.* The American Journal of Medicine, 107: 588–594

Organización Mundial de la Salud (2015). Avoiding Heart Attacks and Strokes. **Reglamento (CE) Nº 1989/2003 DE LA COMISIÓN de 6 de Noviembre de 2003, que modifica el Reglamento (CE) nº 2568/91**, relativo a las características de los aceites de oliva y de los aceites de orujo de oliva y sobre sus métodos de análisis.

Ozdemir, F, A. Topuz (2004*). Changes in dry matter, oil content and fatty acids composition of avocado during harvesting time and post- harvesting ripening period.* Food Chemistry, 86: 79-83

Peou, S., B. Milliard-Hasting, and S. Shah, (2016). *Impact of avocado- enriched diets on plasma lipoproteins: A meta-analysis.* Journal of clinical lipidology, 10: 161-171.

Qing-Yi, L.et al. (2009). California Hass Avocado: Profiling of Carotenoids, tocopherol, fatty acid, and fat content during maturation and from different growing areas. Journal of Agricultural and Food Chemistry, 57: 10408–10413

Ratovohery, J., Y. Lozano, and E. Gaydou (1988). *Fruit Development Effect on Fatty Acid composition of Persea americana Fruit Mesocarp.* J. Agric. Food Chem., 36: 287-293.

Reddy, M., R. Moodley, and S. Jonnalagadda, (2012). *Fatty acid profile and elemental content of avocado (Persea americana Mill.) oil–effect of extraction methods.* Journal of Environmental Science and Health, Part B, 47(6), 529-537.

Reddy, M.; R. Moodley, S. Jonnalagadda. (2014). *Elemental uptake and distribution of*
nutrients in avocado mesocarp and the impact of soil quality. Environmental Monitoring Assessment, 186: 4519-4529.

Tarrago-Trani, M et al. (2006). *New and existing oils and fats used in products with reduced trans-fatty acid content..* Journal of the American Dietetic Association. pp. 867-880.

Vicent, A. and J. Blasco. (2017). *When prevention fails. Towards more efficient strategies for plant disease eradication*A New Phytol. (214); 905-908.

Villa-Rodríguez, J. et. al. (2011). *Effect of maturity stage on the content of fatty acids and antioxidant activity of 'Hass' avocado.* Food Research International, 44: 1231–1237

Williams, C. et al. (1999). *Cholesterol reduction using manufactured foods high in monounsaturated fatty acids, a randomized cross-over study.* Br. J. Nutr., 81, 439-446.

Warner K, and N. Michael-Eskin (1995). *Methods to asses quality and stability of oils and fat-containing foods.* AOCS Press. Illinois, USA. Cap. 2,9.

Wang, L., et al. *Effect of a moderate fat diet with and without avocados on lipoprotein particle number, size and subclasses in overweight and obese adults: a randomized, controlled trial.* J Am Heart Assoc, 4:1.

Wong, M, L. Eyres and L. Ravetti. (2014). *Modern aqueous oil extraction-centrifugation systems for olive and avocado oils. In Green Vegetable Oil Processing: Revised First Edition.* The American Oil Chemists Society, AOCS Press. p. 19-45

Woolf, A.; et al. (2009). *Avocado oil- From cosmetic to culinary oil. In Gourmet and Health- Promoting Speciality Oils.* The American Oil Chemists Society, AOCS Press: 73- 125.

Ying-Chen, L, et al. (2012). *Secondary metabolites from the unripe pulp of Persea americana and their antimycobacterial activities.* Food Chemistry, 135: 2904–2909.

Zschau W. (2000). *Introduction to Fats and Oils Technology,* 2nd edn. Champaign, IL: AOCS Press.

ÍNDICE